U0045901

吸睛的
甜蜜好味！

甜點師精選，忍不住分享的幸福滋味！

經典不敗手感烘焙

柳谷みのり／著　　曹茹蘋／譯

Contents

「MINOSUKE 線上甜點教室」的 人氣甜點 BEST5

PART1

好想做做看！ 經典不敗的甜點

PART2

想和他人 一同分享的甜點

● 書中的烤箱是使用電子烤箱。機種不同，火力多少
　會產生差異，請視烘烤狀況適度地進行調整。

〈本書使用方式〉

A 測量容器的符號

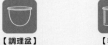

【調理盆】
直徑為18cm左右

【容器】
大約是烤盅的大小

【鍋子】
大約是牛奶鍋的大小

測量材料時使用的容器如果選擇大小剛好的尺寸，之後作業起來會更
加順暢。各食譜的材料表上都有加註符號，請各位參考。有用線框起
來的材料，請一起放入該容器中測量。

B 需要準備的道具
在開始製作之前要先備齊所需的道具，以便作業進行。

C 預熱的時間點和溫度
為了讓作業有效率地進行的預熱烤箱時間點。

D MINOSUKE POINT
作業過程中需要留意的重點。

E 甜點的美味期限
保存方式和最佳賞味期限的參考值。

前言

小時候，我喜歡吃甜點更勝於自己動手做。
而這樣的我在20歲出頭進入甜點製造業界後，
變得非常喜歡探究、談論作法的「為什麼」以及甜點的由來，
並且把成立甜點教室當成未來的目標。

我經常趁著工作的空檔和假日，
和朋友們聚在一起，想像自己心中理想的教室會是什麼模樣。
後來，我的生活型態隨著結婚、生子產生了變化，
和朋友們一起做甜點變成了一件難事。於是，我開始心想，
或許可以開一間能夠在大家都方便的時間享受烘焙樂趣的甜點教室，
也就是採取透過LINE、影片上課的一對一線上課程形式。

現代人的生活型態五花八門，
而我始終希望能夠更貼近每一位學生，給予他們更多的支持。
我所介紹的甜點，材料幾乎都可以在超市找到，
只要想到就能立刻捲起袖子動手做。

親切、易學又樸實，是我所追求的甜點的理想樣貌，
所以我用哥哥以前幫我取的
小名「MINOSUKE」當成教室的名稱。
儘管造型有些不完美，
能夠品嚐到剛做好的美味與香氣正是手作的特權。
獨自吃完做好的甜點有些辛苦，
但只要與他人分享，一轉眼就會一掃而空，
而且所有人一定都會展露「還想再吃！」的開心笑容。

但願本書
能夠為各位帶來片刻幸福的時光。

MINOSUKE 線上甜點教室
柳谷みのり

做好甜點
需要注意的
4 項要點

1
將食譜看過一遍，
掌握流程

決定好要做什麼甜點之後，請將整篇食譜讀過一遍，同時在腦中模擬作業流程。像是要準備哪些材料、需要做什麼事前準備等，事先掌握整體流程就能預防失敗。

2

整頓好作業環境

最近消毒已成為我日常生活中的習慣。除了確實洗手外，我會將工作台打掃乾淨，道具也會確實清洗並噴上酒精消毒，晾乾備用。另外，戴上薄的烹調手套，作業起來會更加安心。烹調手套（NBR手套）如果髒了就請更換新的吧。

3

準備周全

將食譜看過一遍後，接著就來準備材料和道具吧。材料要事先測量好，放進大小剛好的調理盆、鍋子、容器中。只要將作業時會用到的道具全部事先準備好，作業過程中就不會慌慌張張了。

4

1 顆拳頭的距離

採取不易疲倦的姿勢

由於製作甜點是站著作業，因此不會感到疲倦的姿勢非常重要。姿勢一旦不良，就很容易覺得腰痠背痛。請將雙腳打開約與肩膀同寬，肚子和工作台之間保持 1 顆拳頭的距離。接著挺直背部、放鬆肩膀，就能以輕鬆的站姿進行作業。

〈 事前準備的常用詞 〉

何謂「回復至室溫」

本書中提到的「室溫」，是指23～26℃之間、舒適宜人的房間溫度。回溫時間會隨食材、季節、分量多少有些差異，不過大致可以從冰箱取出30分鐘～1小時作為標準。

奶油的回溫

回溫到用手指按壓會凹陷的軟度。測量好重量後，用保鮮膜包起來置於室內。如果沒有時間，只要切成薄片攤在保鮮膜上，就能快速回復至室溫。

奶油乳酪的回溫

和奶油一樣，用保鮮膜包起來回復至室溫。如果是用微波爐回溫，則為500W加熱30秒左右。這麼做可以迅速軟化，在趕時間的時候非常方便。

蛋的回溫

將整顆蛋放入容器中。如果要分開蛋黃和蛋白，請分別打入容器，再覆上保鮮膜置於室內，這樣就能防止乾燥。

何謂「過篩粉類」

過篩的目的有兩個。一是讓粉與粉之間含有空氣，進而使得粉類的粒了變得容易散開。第二是當使用兩種以上的粉時，讓粉可以均勻地混合在一起。比方說，使用低筋麵粉和可可粉時，如果沒有混合均勻，那麼就只有可可粉會吸收水分，結果使得麵糊中產生可可粉塊。過篩時，只要將粉類篩在攤開的紙上再放入調理盆，就不必擔心會撒到旁邊了。

〈 鮮奶油的打發方式 〉

從冰箱取出放入調理盆，放入另外一個裝有冰水的調盆中打發，這樣就能打出穩定且滑順的鮮奶油。

六分發

用打蛋器舀起後緩緩滴落，痕跡很快就消失的狀態。經常使用於製作慕斯等。

七分發

用打蛋器舀起後緩緩滴落，痕跡會重疊然後慢慢消失的狀態。會用來塗抹於奶油蛋糕的表面等。

八分發

用打蛋器舀起後前端呈現尖角狀，並且會一大坨往下掉的狀態。用來作為奶油蛋糕等的擠花裝飾。

擠花袋的使用方式

本書是使用衛生的拋棄型。組裝時要讓花嘴從袋子的前端露出來並扭轉袋子，接著放入杯子等容器中(a)，將袋口往外側反折，裝入奶油。拉回反折的袋口，再扭轉2～3次後用單手抓著，開始擠花(b)。

〈 麵糊的攪拌方式 〉

靜靜地攪拌

適用於製作布丁液、一盆攪拌到底的麵糊，或是要調整麵糊的細緻度時。為了避免麵糊含有氣泡，要讓打蛋器隨時貼著調理盆，以畫圓的方式攪拌。

輕柔地翻拌

適用於製作餅乾麵團時。為避免過度攪拌使得麵團出筋，要將刮刀伸入調理盆中央，再從底部將麵團往上翻起攪拌。這時，要用另一隻手一邊轉動調理盆。

攪拌至粉感消失

適用於製作海綿蛋糕時。讓篩好的粉融入打發的蛋和砂糖之中。將刮刀伸入調理盆中央，從底部將麵糊往上翻起攪拌。同時要用另一隻手一邊轉動調理盆。

用手持電動攪拌器或打蛋器攪拌

適用於製作全蛋打發的海綿蛋糕、蛋白霜、打發鮮奶油時。若是使用打蛋器，要稍微傾斜調理盆，有節奏地上下移動。如果是使用手持電動攪拌器，攪拌時請注意不要讓鋼絲過度撞擊調理盆，並且要不時用另一隻手轉動調理盆。

「MINOSUKE線上甜點教室」的

人氣甜點
BEST 5

No.1
蜂蜜布丁蛋糕

No.2
刺蝟佛羅倫丁脆餅
和綿羊餅乾

No.3
4種繽紛奶油夾心餅

一方面是為了介紹甜點教室，

我幾乎每天都會更新IG。

以下我將公開其中特別多人點讚，

或是熱烈留言表示「想要知道作法！」、

「好想吃吃看！」的 BEST 5 甜點食譜。

No.4
雪白蛋糕卷

No.5
無奶油的
濃郁抹茶凍派

蛋糕帶著淡淡的蜂蜜香氣，
和 Q 彈的布丁十分對味。

Recipe 01

蜂蜜布丁蛋糕

需要準備的道具

秤、粉篩、隔水加熱容器、紙巾、鍋子、杯子（最後盛裝用）、方形淺盤、鋁箔紙、調理盆（18cm）、打蛋器、刮刀、茶篩、手持電動攪拌器、抹刀、湯匙

大受歡迎的原因，是能夠一次品嚐到布丁和蜂蜜蛋糕。

無論是舀著吃，還是倒過來吃都美味，

請務必兩者都嘗試看看。

材料　直徑5.5×高5cm（容量80㎖）的杯子7個份

〈焦糖〉

上白糖 40g
水 20g

〈布丁液〉

牛奶 240g
上白糖 40g
蛋 2顆
白蘭地 8g

〈蜂蜜蛋糕糊〉

蛋 1顆
上白糖 25g
蜂蜜 10g
低筋麵粉 30g

事前準備

◯　低筋麵粉要過篩。

◯　蛋要回復至室溫。

◯　在隔水加熱的容器中鋪紙巾。

> **MINOSUKE POINT**
> 鋪紙巾是為了固定模具及溫和地加熱。

甜點的美味期限：冷藏保存2天。

作法

1

〈焦糖〉在鍋中放入上白糖和一半分量的水混合，一邊搖晃鍋子一邊以中火加熱。

2

待整體呈現金黃色就關火，加入剩下的水搖晃攪拌。

3

用湯匙平均地裝入杯中。放在方形淺盤上，送進冰箱冷藏。

4

〈布丁液〉在鍋中放入牛奶，以中火加熱到鍋緣開始冒泡為止（約70℃）。

5

將蛋放入調理盆中打散，然後加入上白糖，用打蛋器攪拌到看不見砂糖。

6

將**4**分成2次加入，每次加入都要混合攪拌。

7

也加入白蘭地混合。

8

為了創造出滑順的口感，要用茶篩過濾，放在砧板或布巾上（使其不易冷卻）。

9

《蜂蜜蛋糕糊》在另一個調理盆中放入蛋、上白糖、蜂蜜隔水加熱（70℃），一邊攪拌一邊加熱到32～34℃。

→開始預熱！

預熱 160℃

10

結束隔水加熱，以手持電動攪拌器的「高速」打約1分鐘，接著以「低速」打約2分鐘。

11

用打蛋器畫圓攪拌，調整麵糊的細緻度。

MINOSUKE POINT
在這個步驟調整細緻度，有助於烤出漂亮的成品。

12

加入低筋麵粉使其遍布整體，然後用刮刀從底部往上翻起攪拌約60次。

13

《最後步驟》將**3**的杯子從冰箱取出，均勻地倒入**8**的布丁液。

14

用湯匙放上**12**的蜂蜜蛋糕糊，接著用抹刀整平表面。排入隔水加熱容器中。

MINOSUKE POINT
蜂蜜蛋糕糊會剩下一點。

只要抹平麵糊，就能烤出漂亮的圓頂狀！

15

將**14**放在烤盤上，接著倒入熱水（65℃）直到杯子的一半高度，以160℃的烤箱烤約35分鐘。

16

從烤箱取出放在方形淺盤上，用湯匙輕敲側面去除蜂蜜蛋糕的空氣，再送進冰箱冷藏。

Recipe **02**

刺蝟佛羅倫丁脆餅和綿羊餅乾

用相同模具製作的可愛餅乾。
原本是刺蝟模型，倒過來就成了綿羊！
這是我從和學生的LINE對話中得到的靈感。

材料　各10片份

〈麵團〉

奶油（無鹽）	100g
糖粉	70g
蛋黃	1 顆份
低筋麵粉	180g

〈刺蝟佛羅倫丁脆餅〉

A | 細砂糖 | 20g |
蜂蜜	10g
牛奶	5g
奶油（無鹽）	5g
杏仁片	25g

〈綿羊餅乾〉

椰子粉	適量
白巧克力（裝飾用）	適量

事前準備

○　糖粉和低筋麵粉要分別過篩。

○　奶油放在調理盆中回復至室溫。

○　在烤盤鋪上烘焙紙。

需要準備的道具

秤、粉篩、調理盆（18cm）、烘焙紙、刮刀、刮板、保鮮膜、擀麵棒、厚度尺（5mm）、刺蝟壓模（STADTER刺蝟餅乾模／cotta）、刀子、筷子、圓形花嘴（9號）、鍋子、叉子、刷子

甜點的美味期限：和乾燥劑一起放入密封容器中，室溫下保存5天。

椰子和杏仁的香氣
讓風味更添層次！

作法

1

奶油用刮刀攪拌軟化後，加入糖粉攪拌融合。

2

加入蛋黃繼續攪拌，接著加入低筋麵粉攪拌到整體融合。

3

用刮板分次少量地壓向檯面，聚集成團。如此一來，麵團就會充分地融合在一起，口感也會變好。

4

用保鮮膜包覆，送進冰箱冷藏鬆弛2小時～一晚。

> **MINOSUKE POINT**
> 可以的話請鬆弛一個晚上。麵團經過長時間鬆弛會更加融合，也會變得比較容易操作。

5

從冰箱取出、撕掉保鮮膜，對折後用擀麵棒敲打，將麵團打軟。

6

將麵團分成2等分，分別用保鮮膜夾住，在兩側放置5mm的厚度尺，擀成16×18cm左右的大小。用保鮮膜包覆，再次放進冰箱冷藏鬆弛15分鐘以上。

> **MINOSUKE POINT**
> 厚度尺是有厚度的板子，所以只要放在擀麵棒的兩側，就能將麵團的厚度擀得均勻一致。厚度有5mm、3mm等，可以在烘焙材料行買到。

7

從冰箱取出，用壓模取形，排放在烤盤上。→開始預熱！

> **MINOSUKE POINT**
> 分成2等分的麵團各分別做成刺蝟和綿羊。綿羊用的麵團要先冷藏，要用的時候才取出。

預熱 160°C

8

〈刺蝟佛羅倫丁脆餅〉將取形完剩下的麵團用花嘴按壓取形（耳朵），排在烤盤上。

9

將麵團揉成小圓球做成鼻子黏上去，用筷子挖出眼睛，用刀子劃出鬍鬚。最後以花嘴的前端按壓描繪出嘴巴，以160℃的烤箱烤7分鐘。

要在眼睛、鬍鬚、嘴巴的位置做出清楚的痕跡喔!!

10

在烤好的2分鐘前，在鍋中放入**A**，開中火製作牛軋糖。煮沸後關火，加入杏仁片。

11

再次開中火，一邊攪拌一邊加熱約15秒，讓杏仁片和牛軋糖融合。

12

將**11**用2支叉子鋪在**9**烤好的麵團上。→開始預熱！

預熱
170℃

13

裝上**8**的耳朵，以170℃的烤箱烤約12分鐘，烤好後靜置冷卻。

MINOSUKE POINT
烤好後如果杏仁的位置跑掉，要立刻用叉子調整。

14

〈綿羊餅乾〉從冰箱取出**7**取形好的綿羊麵團，將麵團倒過來放在烤盤上。將麵團揉成小圓球做成鼻子黏上去，用筷子挖出眼睛。→開始預熱！

預熱
160℃

15

裝上水滴狀的麵團做成耳朵，以花嘴的前端按壓描繪出嘴巴，以160℃的烤箱烤20～25分鐘，靜置冷卻。

16

以隔水加熱（70℃）的方式融化白巧克力，用刷子塗在**15**上，在凝固前撒上椰子粉。

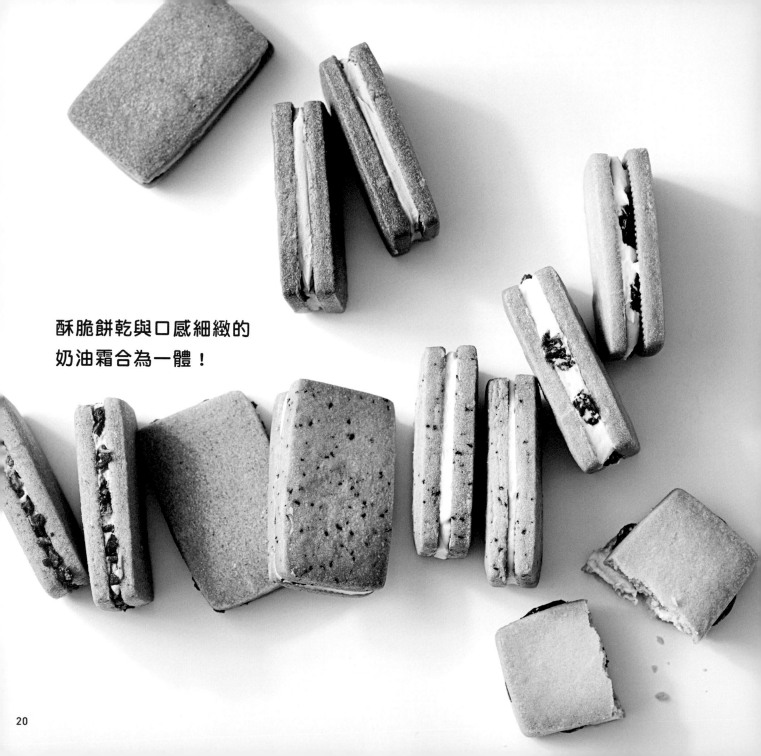

酥脆餅乾與口感細緻的
奶油霜合為一體！

Recipe **03**

4種繽紛奶油夾心餅

說起奶油夾心餅，一般都會想到葡萄乾，
但其實也能做成各式各樣的口味。
以下就來介紹幾款教室最受歡迎的口味，以及創新口味的奶油夾心餅。

材料　6 × 3.5 cm的奶油夾心餅12個份

〈基本的餅乾麵團〉　各約90g

奶油（無鹽）..	100g
糖粉..	70g
蛋黃..	1顆份
低筋麵粉...	180g

〈基本的奶油霜〉　各約30g

奶油（無鹽）..	60g
糖粉..	30g
奶油乳酪...	30g

〈紅茶〉　3個份

伯爵茶的茶葉（麵團用）...............................	1g

〈草莓〉　3個份

草莓粉（麵團用）...	5g
草莓粉（奶油霜用）.....................................	1g
草莓凍乾（方塊／裝飾用）............................	約6g

〈蘭姆葡萄乾〉　3個份

蘭姆葡萄乾（奶油霜用・參考右述）..............	24粒

〈抹茶〉　3個份

抹茶（麵團用）..	1g
抹茶（奶油霜用）...	1g

事前準備

○　奶油和奶油乳酪要回復至室溫。

○　糖粉和低筋麵粉要分別過篩。

○　將擠花袋裝在杯子上。

○　在烤盤鋪上烘焙紙。

蘭姆葡萄乾的作法

在小鍋中放入24粒葡萄乾，加入可蓋過葡萄乾的
水，開火煮沸後關火。以網篩瀝乾水分，之後裝入容
器淋上蘭姆酒（Dark）12g，將保鮮膜貼著表面覆蓋
上去，送進冰箱冷藏1小時以上使其入味。

甜點的美味期限：放入密封容器，冷藏保存5天。

作法

1

〈基本的餅乾麵團〉奶油用刮刀攪拌軟化後，加入糖粉攪拌融合。

2

加入蛋黃繼續攪拌，接著加入低筋麵粉攪拌到整體融合。

3

將麵團分成4等分（1份約90g），分別加入材料做成不同口味，接著用刮板將麵團壓向檯面，聚集成團。如此一來，麵團就會充分地融合在一起，口感也會變好。

4

分別用保鮮膜包覆，送進冰箱冷藏鬆弛2小時～一晚。

MINOSUKE POINT
可以的話請鬆弛一個晚上。麵團經過長時間鬆弛會更加融合，也會變得比較容易操作。

5

從冰箱取出、撕掉保鮮膜，分別對折後用擀麵棒敲打，將麵團打軟。

6

麵團分別用保鮮膜夾住，在兩側放置5mm的厚度尺，擀成16×9cm左右的大小。用保鮮膜包覆，再次放進冰箱冷藏鬆弛15分鐘以上。

7

從冰箱取出、撕掉保鮮膜，用壓模取形，排放在烤盤上。

盡量不要留下保鮮膜的痕跡……

冷藏後取下保鮮膜，用擀麵棒輕輕地滾動就可以了。

如果出現痕跡……

8

4片都取形好之後，將剩下的麵團聚集成團並擀開，壓出1片。繼續將剩下的麵團聚集成團，再壓出1片。

→開始預熱！（草莓是130℃）

預熱 160℃

9

以160℃（草莓是130℃）的烤箱烤20～25分鐘（草莓是35分鐘），之後放在烤盤中靜置冷卻。

MINOSUKE POINT
先烤草莓麵團再烤其他口味，這樣作業流程比較順暢。

10

〈基本的奶油霜〉奶油用刮刀攪拌軟化後，加入糖粉攪拌至泛白，再加入奶油乳酪混合均勻。每種口味各使用30g的奶油霜。

11

草莓口味加入草莓粉、抹茶口味加入抹茶粉，用刮刀混合均勻後，分別裝入擠花袋中。

MINOSUKE POINT
紅茶和蘭姆葡萄乾是使用同一個擠花袋。

12

〈最後步驟〉將11的奶油霜擠在9烤好的餅乾上，每種口味各擠3片。

MINOSUKE POINT
重點是要在比餅乾邊緣稍微內側的位置，將奶油霜擠成四方形。這樣夾的時候，奶油霜才會被擠壓到接近邊緣，看起來比較美觀。

13

按壓時如果奶油霜溢出來，只要用手指抹掉就OK了。

葡萄乾夾心餅要各放上8粒蘭姆葡萄乾，然後分別用另一片餅乾夾起來。

MINOSUKE POINT
奶油霜如果溢出來就抹掉。

14

草莓夾心餅要在奶油霜的部分黏上草莓凍乾。做好的奶油夾心餅要送進冰箱冷藏30分鐘以上。

Recipe **04**

雪白蛋糕卷

以蛋白製作的白色蛋糕卷，
濃郁的風味令人難忘。
請確實打發蛋白霜，做出濕潤鬆軟的口感。

材料　27cm見方的烤盤1個份

〈蛋糕卷麵糊〉

蛋白	150g
細砂糖	70g

A	脱脂奶粉	10g
	牛奶	40g
	植物油（米糠油）	30g
	鹽	1撮

低筋麵粉	50g

〈奶油〉

鮮奶油	150g
細砂糖	10g

事前準備

○ 蛋白放入調理盆中，覆上保鮮膜，冷藏到要打發之前才從冰箱取出。

○ 低筋麵粉要過篩。

○ 在27cm見方的烤盤上鋪烘焙紙，剪開邊角部分(a)。在上面疊上可重複使用的烘焙紙(b)。

MINOSUKE POINT
疊上可重複使用的烘焙紙有助於溫和地加熱，烤出來的蛋糕表面也不易產生皺褶。

需要準備的道具
秤、調理盆（18cm）、粉篩、27cm見方的烤盤、烘焙紙、可重複使用的烘焙紙、打蛋器、刮刀、手持電動攪拌器、刮板、保鮮膜、防滑墊、抹刀、尺、網架、鋸齒麵包刀

甜點的美味期限：冷藏狀態下的當天和隔天。

濃郁奶油和清爽鬆軟的蛋糕體，
是令人自豪的頂級美味！

作法

1

《蛋糕卷麵糊》在調理盆中放入 **A**，用打蛋器攪拌均勻。

2

加入低筋麵粉，用打蛋器輕柔攪拌，接著換成刮刀從底部往上翻拌至粉感消失。→開始預熱！

預熱
160℃

3

從冰箱取出裝有蛋白的調理盆，以手持電動攪拌器的「低速」稍微將蛋白打散，然後加入 $\frac{1}{3}$ 的細砂糖，以「高速」攪拌約 1 分鐘直到顏色泛白。

4

加入剩餘細砂糖的一半，繼續以「高速」攪拌約 1 分鐘。加入剩下的細砂糖，以「高速」攪拌約 3 分鐘。

5

攪拌至變成尾端尖挺的蛋白霜就完成了。

6

將 $\frac{1}{3}$ 的 **5** 加入 **2** 中，用打蛋器攪拌成滑順狀。

7

再次以手持電動攪拌器的「高速」攪拌 **5** 剩下的蛋白霜 10 秒，調整好細緻度之後再加入 **6** 中。

MINOSUKE POINT
蛋白霜只要擺放一會就會變得乾燥（脫水），這個時候要調整細緻度。

8

用刮刀從底部往上翻拌，將整體混合均勻。

9

將麵糊倒入烤盤中，用刮板抹平，然後用手敲打烤盤底部，去除多餘的氣泡。放在烤箱的烤盤上，以160℃的烤箱烤14分鐘。

10

將烤盤從高約10cm的位置往下摔，然後連同烘焙紙移到網架上放涼。

11

在表面覆上保鮮膜翻面，撕掉烘焙紙。放上另一張較大的烘焙紙，再次翻面。

12

輕輕撕下保鮮膜，以此面當作內層。內層會黏在保鮮膜上。

13

〈奶油〉在調理盆中放入鮮奶油、細砂糖，底部一邊接觸冰水，一邊用手持電動攪拌器的「高速」打至八分發。

14

將**12**的海綿蛋糕連同烘焙紙放在止滑墊上，放上**13**的奶油，用抹刀均勻塗抹於整體。

> **MINOSUKE POINT**
> 這裡是以烤箱用的矽膠烤墊（cotta的矽膠墊）當成止滑墊。蛋糕體被固定住會比較好捲。

15

將靠近自己這一側的海綿蛋糕往前折大約1cm，當作中心。將烘焙紙往與檯面平行的方向拉，一邊將海綿蛋糕往前捲。

16

用尺抵住捲好的烘焙紙，拉緊下方的烘焙紙，然後用剩下的烘焙紙包起來。在兩端貼上保鮮膜，送進冰箱冷藏約30分鐘。要吃的時候再用加熱過的鋸齒麵包刀分切。

Recipe *05*

無奶油的
濃郁抹茶凍派

滋味如此柔滑濃郁,
卻沒有使用任何奶油和鮮奶油。
是一道也很適合當成伴手禮的健康甜點。

因為沒有奶油,更能直接品嚐到
濃郁的抹茶風味與香氣!

材料 外尺寸18.4 × 9.1 × 高6.3 cm的磅蛋糕模1個份

白巧克力	200g
植物油(米糠油)	80g
抹茶粉	15g
蛋	3顆
牛奶	40g

〈最後步驟〉

抹茶粉	適量

事前準備

○ 蛋要回復至室溫。

○ 在模具中鋪可重複使用的烘焙紙(a)。

○ 在隔水加熱的容器中鋪紙巾。

MINOSUKE POINT
鋪紙巾是為了固定模具及溫
和地加熱。

a

需要準備的道具
秤、磅蛋糕模、可重複使用的烘焙紙、隔水加熱容器、紙巾、鍋子、調理盆
(18 cm)、打蛋器、砧板、茶篩、刀子

甜點的美味期限:冷藏保存3天。

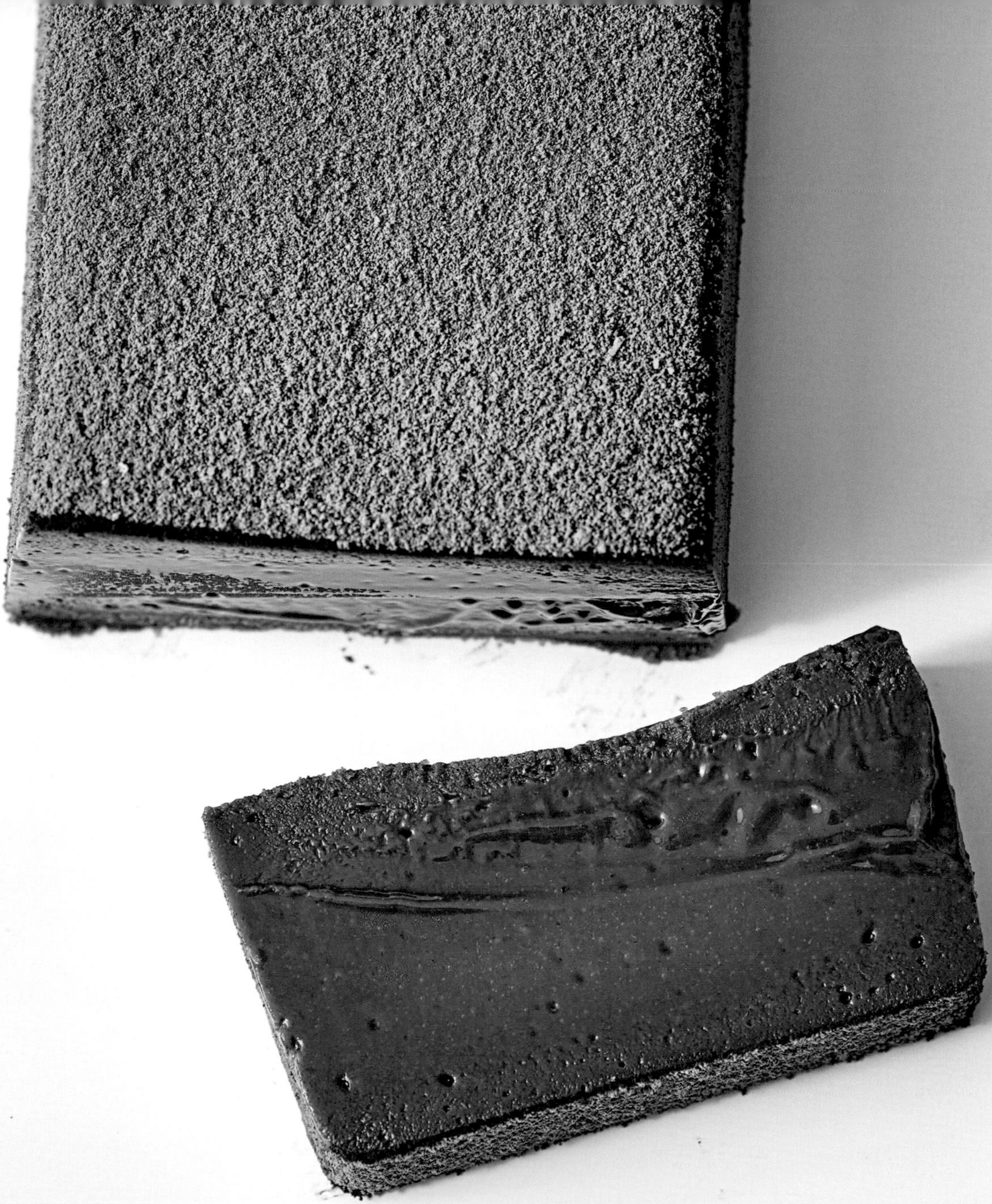

作法

1

將白巧克力和植物油放入調理盆，以隔水加熱（70℃）的方式使其融化。

2

融化的期間，在另一個調理盆中放入蛋和牛奶，用打蛋器將蛋打散，然後以茶篩過濾。

3

用茶篩將抹茶粉篩入 **1** 中，然後用打蛋器畫圓攪拌，以免空氣跑進去。→開始預熱！

MINOSUKE POINT
由於抹茶粉容易結塊，因此務必要用茶篩過篩！過篩這個步驟會讓成品口感十分滑順。

預熱
170℃

4

將 **2** 分成 7 次混入 **3** 中，每次都要充分攪拌蛋液。

5

將 **4** 倒入模具，放入隔水加熱容器後置於烤盤中，加入大約模具一半高度的熱水（70℃）。以170℃的烤箱蒸烤約30分鐘，大致冷卻後送進冰箱冷藏一晚。

6

連同烘焙紙從模具中取出，倒置在砧板上，撕下烘焙紙。

7

到要吃之前才用茶篩撒上抹茶粉，用加熱過的刀子分切。

好想做做看！
經典不敗的甜點

在這個華麗美觀的甜點大受歡迎的時代，
教室還是收到許多「想要製作經典甜點」、
「想要當成自己的得意之作」的要求。
以下就因應各位的需求，介紹幾款經典不敗的甜點。

Recipe **06**

草莓奶油蛋糕

生日和紀念日必備的奶油蛋糕
如果能做得好吃，那真是太令人開心了。
一起來品嚐鬆軟綿密的溫和滋味吧。

需要準備的道具
秤、粉篩、圓模（15㎝）、烘焙紙、調理盆（18㎝）、
打蛋器、手持電動攪拌器、刮刀、鋸齒麵包刀、鍋子、
蛋糕轉盤、刷子、抹刀、網架

材料　15cm的圓模1個份

〈海綿蛋糕糊〉

蛋	2顆
細砂糖	60g
低筋麵粉	60g
牛奶	10g
植物油（米糠油）	10g

〈糖漿〉

細砂糖	10g
水	20g

〈奶油〉

鮮奶油	300g
細砂糖	21g

〈最後步驟〉

草莓	24顆（14顆作為頂部裝飾）

事前準備

○ 低筋麵粉要過篩。

○ 草莓去掉蒂頭，切成5mm厚（頂部裝飾用的不須切片）。

○ 在模具中鋪烘焙紙(a)。

作法

1 〈海綿蛋糕糊〉在調理盆中放入蛋和細砂糖，用打蛋器攪拌，並以隔水加熱（70℃）的方式加熱到32～34℃。

MINOSUKE POINT
之後隔水加熱5要使用的牛奶和植物油。

2 以手持電動攪拌器的「高速」打3分鐘，再以「低速」打3分鐘。等到麵糊滴落時會留下痕跡就完成了。→開始預熱！

預熱 180℃

3 用打蛋器畫圓攪拌，調整細緻度。

4 將一半的低筋麵粉散布於表面，用刮刀從底部往上翻拌，等到看不見低筋麵粉，就以相同方式混入剩下的麵粉（一共攪拌約80次）。

5 加入在1隔水加熱過的牛奶和植物油，迅速地攪拌。

6 倒入模具中，用刮刀的前端畫圓攪拌表面，使整體融合。

7 在布巾上摔幾下，去除多餘的氣泡，然後放在烤盤上，以180℃的烤箱烤約24分鐘。

8 出爐後從高約10cm的位置摔在檯面上，接著脫模，置於網架上放涼。

9 放在檯面上，用鋸齒麵包刀切掉上面的烤痕將表面修平(b)，然後讓刀子與檯面平行，橫向切成3等分。

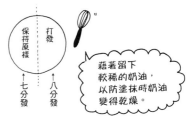

10 〈糖漿〉在鍋中放入細砂糖和水開火煮沸後，移入容器放涼。

11 〈奶油〉在調理盆中放入鮮奶油和細砂糖，一邊讓底部接觸冰水，一邊用打蛋器打至七分發，接著將調理盆其中一邊的奶油繼續打成八分發。

保持原樣　打發
七分發　八分發

藉著留下較稀的奶油，以防塗抹時奶油變得乾燥。

12 〈最後步驟〉將9的海綿蛋糕的下層放在蛋糕轉盤上，用刷子塗上糖漿。再塗抹上八分發的奶油，排上切成薄片的草莓，再次抹上奶油。接著放上上層的海綿蛋糕並重複相同步驟，最後放上中層的海綿蛋糕，塗抹糖漿。

MINOSUKE POINT
將海綿蛋糕的中層擺在最上面，整體形狀會比較漂亮。

13 用抹刀舀起一坨11的七分發奶油置於正中央，一邊轉動蛋糕轉盤，一邊在整個上面抹開。

14 接著同樣一邊轉動蛋糕轉盤，將奶油塗抹於整個側面。上面和側面的邊角部分要修整漂亮(c)。再重複一次13～14，最後裝飾上草莓。

甜點的美味期限：冷藏保存2天。盡量當天食用完畢。如果要帶著外出，出門前請務必確實冷藏。

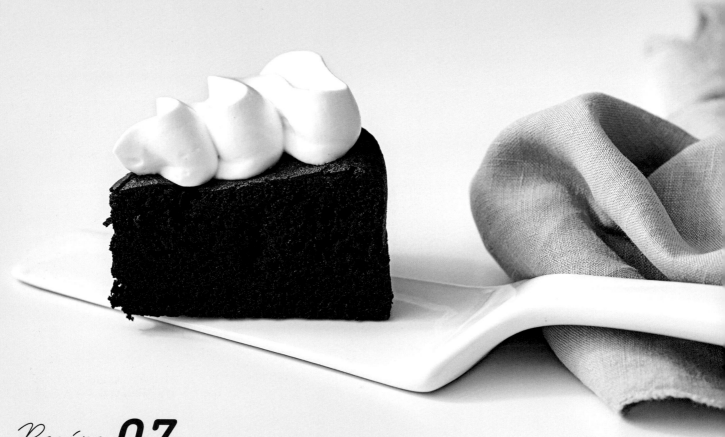

Recipe **07**

無麩質巧克力蛋糕

沒有使用奶油和麵粉的輕盈甜點。
口感濕潤，能夠充分品嚐到巧克力的美味。
冷藏後依舊保持柔軟是最令人自豪的一點。

材料　15 cm 的圓模 1 個份

苦甜巧克力	80g
植物油（米糠油）.............................	60g
蛋黃	2 顆份
細砂糖（蛋黃用）.............................	40g
牛奶	20g
A 可可粉	30g
日本太白粉（或玉米粉）.................	15g
蛋白	2 顆份
細砂糖（蛋白用）.............................	30g

〈最後步驟〉

鮮奶油	100g
細砂糖	7g

事前準備

○　**A** 要混合過篩 2 次。

○　蛋白放入調理盆中，覆上保鮮膜，冷藏到要打發之前才從冰箱取出。

○　將裝上聖多諾黑花嘴（20 號）的擠花袋裝在杯子上。

○　在模具中鋪烘焙紙。

作法

1　在調理盆中放入巧克力和植物油，以隔水加熱（70℃）的方式融化。融化後結束隔水加熱。

2　依序加入蛋黃、細砂糖、牛奶，每次加入都要用器具充分攪拌。

3　從冰箱取出裝有蛋白的調理盆，加入細砂糖，以手持電動攪拌器「高速」打約 3 分鐘，直到產生尖角 (a)。
→開始預熱！

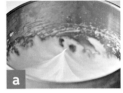

4　在 **2** 中加入 ⅓ 的 **3** 混合均勻，接著加入 **A**，用刮刀輕柔地翻拌。加入剩下的 **3**，攪拌到看不見蛋白霜為止。

打發蛋白霜的技巧
・器具保持乾淨
・蛋白要處於冰涼的狀態

5　倒入模具中，以 170℃的烤箱烤 25 ～ 30 分鐘。

6　出爐後從高約 10 cm 的位置摔在檯面上，靜置放涼。冷卻後脫模，切成 6 等分。

7　〈最後步驟〉在調理盆中放入鮮奶油、細砂糖，底部一邊接觸冰水，一邊用手持電動攪拌器打成八分發。

8　將奶油裝入擠花袋中，擠在 **6** 上面 (b)。

需要準備的道具
秤、粉篩、擠花袋、杯子、聖多諾黑花嘴（20 號）、圓模（15 cm）、烘焙紙、調理盆（18 cm）、保鮮膜、鍋子、打蛋器、手持電動攪拌器、刮刀

甜點的美味期限：冷藏保存 2 天。如果只有巧克力蛋糕本體則冷藏保存 3 天。

Recipe *08*

鬆軟的
巧克力碎片蛋糕

口感濕潤綿密的方形蛋糕。
這道甜點的法文名稱copeaux原意是木屑，
故以巧克力碎片來呈現意境。

需要準備的道具
秤、粉篩、擠花袋、單排鋸齒花嘴、杯子、27㎝見
方的烤盤、方形淺盤、烘焙紙、調理盆（18㎝）、
鍋子、手持電動攪拌器、打蛋器、刮刀、刮板、鋸
齒麵包刀、刷子、抹刀、水果刀、網架

材料　27cm見方的烤盤1個份

〈蛋糕麵糊〉

蛋	2顆
細砂糖	60g
A ‖ 低筋麵粉	50g
可可粉	10g
牛奶	10g
植物油（米糠油）	10g

〈糖漿〉

細砂糖	10g
水	20g

〈奶油〉

鮮奶油	150g
B ‖ 細砂糖	15g
可可粉	10g
熱水	20g

〈最後步驟〉

苦甜巧克力	適量

事前準備

○　**A**要混合過篩2次。

○　**B**混合成糊狀，放涼備用。

○　將裝上單排鋸齒花嘴的擠花袋裝在杯子上。

○　在烤盤上鋪烘焙紙。

○　在方形淺盤中鋪烘焙紙。

作法

1　在調理盆中放入蛋和細砂糖，用打蛋器攪拌，並以隔水加熱（70℃）的方式，加熱到32〜34℃。
→開始預熱！

預熱 190℃

MINOSUKE POINT
之後隔水加熱**5**要使用的牛奶和植物油。

2　以手持電動攪拌器的「高速」打3分鐘，再以「低速」打3分鐘。等到麵糊滴落時會留下痕跡就完成了。

3　用打蛋器畫圓攪拌，調整細緻度。

4　將一半的**A**散布於表面，用刮刀從底部往上翻拌，等到看不見粉，就以相同方式混入剩下的**A**（一共攪拌約40次）。

5　加入**1**隔水加熱過的牛奶和植物油，迅速地攪拌。

6　將麵糊倒入烤盤中，用刮板抹平，然後用手敲打烤盤底部，去除多餘的氣泡。

7　放在烤箱的烤盤上，以190℃的烤箱烤約12分鐘。

8　出爐後從高約10cm的位置摔在檯面上，連同烘焙紙放在網架上冷卻，然後撕掉烘焙紙。用鋸齒麵包刀橫向切成3等分。

9　〈糖漿〉在鍋中放入細砂糖和水，開火煮沸後移入容器放涼。

10　〈奶油〉在調理盆中放入鮮奶油和**B**，底部一邊接觸冰水，一邊用手持電動攪拌器打成八分發，填入擠花袋中。

11　用刷子在**8**的海綿蛋糕上塗糖漿。在第一片海綿蛋糕上擠奶油，接著疊上第二片海綿蛋糕，同樣擠上奶油。疊上第三片海綿蛋糕後擠奶油，用抹刀整平，再送進冰箱冷藏約30分鐘。

12　〈最後步驟〉用手掌稍微揉搓加熱巧克力的其中一面，然後用刀背削出捲捲的碎片(a)。放在方形淺盤裡，送進冰箱冷藏。

MINOSUKE POINT
為避免手的溫度讓巧克力融化，最好用紙巾拿著巧克力。

13　將**11**的四邊各切掉約0.5cm，再用鋸齒麵包刀切成4cm厚。用烘焙紙圍住四周，放上巧克力碎片(b)。

MINOSUKE POINT
用烘焙紙圍起來，才能讓各個角落都沾到巧克力碎片又不會撒得到處都是。

甜點的美味期限：冷藏狀態下的當天和隔天。

整條香蕉卷

這道甜點的蛋糕體口感濕潤，滋味單純。
因為中央是包香蕉，所以很好捲起，
非常適合初次挑戰蛋糕卷的新手。
將香蕉換成草莓或水蜜桃等
當季水果也是不錯的選擇。

材料　27㎝見方的烤盤1個份

〈蛋糕卷麵糊〉

蛋	3顆
細砂糖	90g
低筋麵粉	70g
牛奶	15g
植物油（米糠油）	15g

〈奶油〉

鮮奶油	120g
細砂糖	8g

〈最後步驟〉

香蕉	2根

事前準備

○　低筋麵粉要過篩。

○　在27㎝見方的烤盤上鋪烘焙紙，剪開邊角部分。在上面疊上可重複使用的烘焙紙。

作法

1　在調理盆中放入蛋和細砂糖，用打蛋器攪拌，並以隔水加熱（70℃）的方式，加熱到32～34℃。→開始預熱！

預熱 190℃

MINOSUKE POINT
之後隔水加熱5要使用的牛奶和植物油。

2　以手持電動攪拌器的「高速」打3分鐘，再以「低速」打4分鐘。等到麵糊滴落時會留下痕跡就完成了。

3　用打蛋器畫圓攪拌，調整細緻度。

4　將一半的低筋麵粉散布於表面，用刮刀從底部往上翻拌，等到看不見粉，就以相同方式混入剩下的低筋麵粉（一共攪拌約90次）。

5　加入1隔水加熱過的牛奶和植物油，迅速地攪拌。

6　將麵糊倒入烤盤中，用刮板抹平，然後用手敲打烤盤底部，去除多餘的氣泡。

7　放在烤箱的烤盤上，以190℃的烤箱烤約13分鐘。

8　出爐後從高約10㎝的位置摔在檯面上，連同烘焙紙放在網架上冷卻。

9　放上一張較大的烘焙紙後翻面，撕掉底面的烘焙紙。再次翻面，放在烘焙紙上。

10　〈奶油〉在調理盆中放入鮮奶油和細砂糖，底部一邊接觸冰水，一邊用手持電動攪拌器打成八分發。

11　〈最後步驟〉將9的蛋糕體連同烘焙紙放在止滑墊上，放上10的奶油，用抹刀均勻塗抹於整體。

MINOSUKE POINT
這裡是以烤箱用的矽膠烤墊（cotta的矽膠墊）當成止滑墊。蛋糕體被固定住會比較好捲。

12　香蕉剝皮。將11靠近自己這一側的蛋糕體往前折約1㎝，沿著折起的部分筆直地擺上切段的香蕉(a)。

13　一邊將烘焙紙往與檯面平行的方向拉，一邊將海綿蛋糕往前捲。

14　用尺抵住捲好的烘焙紙，拉緊下方的烘焙紙，然後用剩下的烘焙紙包起來，在兩端貼上保鮮膜。送進冰箱冷藏約30分鐘。要吃的時候再用加熱過的鋸齒麵包刀分切。

這裡是將奶油抹在烘烤面上，要反過來捲也OK。

需要準備的道具

秤、調理盆（18㎝）、粉篩、27㎝見方的烤盤、烘焙紙、可重複使用的烘焙紙、打蛋器、鍋子、手持電動攪拌器、刮刀、刮板、止滑墊、抹刀、尺、保鮮膜、鋸齒麵包刀、網架

甜點的美味期限：冷藏狀態下的當天和隔天。盡量當天食用完畢。

Recipe **10**

香草鹽磅蛋糕

這是一款奶油、砂糖、蛋、低筋麵粉等量的法式磅蛋糕。
我在小時候母親為我做的懷念滋味中
加入鹽和香草莢,讓味道變得更加豐富有層次。

攪拌好
會呈現滑順
有光澤的狀態!

材料 外尺寸18 × 8.6 × 高6.3㎝的磅蛋糕模1個份

奶油(無鹽)	100g
糖粉	100g
鹽	1g
香草莢	6㎝

← 亦可改用3滴香草油。剩下的莢要用保鮮膜包覆後冷凍保存。

蛋液	100g
A ‖ 低筋麵粉	100g
‖ 泡打粉	2g

事前準備

○ 縱向切開香草莢,用刀背將籽刮出來。

○ 蛋液要回復至室溫。

○ 奶油放在調理盆中回復至室溫。

○ **A**要混合過篩2次。

○ 糖粉也要過篩。

○ 在模具中鋪烘焙紙。

> **需要準備的道具**
> 秤、調理盆(18㎝)、粉篩、手持電動攪拌器、刮刀、磅蛋糕模、烘焙紙、竹籤、網架

作法

1 奶油以手持電動攪拌器的「高速」攪拌成滑順狀,然後加入鹽和香草籽繼續攪拌。

2 加入糖粉,為避免飛散要先用刮刀混合,再改以手持電動攪拌器的「高速」攪拌至泛白。

3 分次少量地加入蛋液,並且每次都要一邊用刮刀將附著在調理盆邊緣的蛋液刮下來,一邊以手持電動攪拌器的「高速」攪拌。→開始預熱!

預熱
170℃

4 加入大約⅔的蛋液後(或是感覺快要分離時),加入一半的**A**,用刮刀從底部往上翻拌。

> **MINOSUKE POINT**
> 粉會吸收水分,防止分離。

5 繼續分次少量地加入蛋液,然後以相同方式混入剩下的**A**(一共分8~9次加入)。

6 倒入模具中,將表面抹成中央低、兩側到邊緣呈現弧狀的狀態。將模具在檯面上摔幾下,去除多餘的空氣,接著用刮刀在中央劃出深1㎝的痕跡(a)。

> **MINOSUKE POINT**
> 有劃刀的話,烤出來的成品會出現漂亮的裂痕。

a

7 以170℃的烤箱烤45～50分鐘。等到正中央出現淺淺的金黃色澤,而且插入竹籤沒有沾黏,就表示烤好了。

8 出爐後從高約10㎝的位置摔在檯面上,脫模置於網架上放涼,撕掉烘焙紙。

甜點的美味期限:用保鮮膜包覆,室溫保存3天,冷凍保存7天。

Recipe *11*

令人懷念的
卡士達泡芙

這道甜點雖然深受喜愛，
卻經常有學生反應因為曾經失敗過，所以遲遲不敢再次嘗試。
其實只要確實掌握住重點就一定會成功，請大家務必再挑戰看看！

42

材料　8個份（1個／直徑6.5 × 高4.5 cm左右）

〈泡芙殼〉

A ‖ 奶油（無鹽）......................................30g
‖ 水 50g
‖ 鹽 1撮

低筋麵粉 50g
蛋液 約2顆份

〈卡士達醬〉

牛奶 400g
蛋 2顆
細砂糖 80g
香草油 4滴
低筋麵粉 30g

〈最後步驟〉

糖粉 ....適量

事前準備

○　奶油切碎。

○　蛋液要回復至室溫。

○　低筋麵粉要分別過篩。

○　將裝上圓形花嘴（7號）的擠花袋裝在杯子上。

○　在烤盤上鋪烘焙紙。

> **MINOSUKE POINT**
> 將奶油切碎的目的，是為了避免煮沸時殘留奶油塊。

作法

1　〈泡芙殼〉在鍋中放入 A，開中火煮沸後關火。

2　一次加入所有低筋麵粉，用刮刀充分攪拌，以免結塊。

3　再次開火加熱20 ～ 30秒，然後移入調理盆，並用刮刀攪拌。

4　分次少量地加入蛋液，每次都要用刮刀攪拌均勻（大約分成8次加入）。等到舀起來的麵糊滴落時呈現倒三角形就OK(a)。→開始預熱！

預熱 190℃

需要準備的道具

秤、調理盆（18cm）、粉篩、擠花袋、圓形花嘴（7號）、杯子、烘焙紙、鍋子、刮刀、噴霧器、叉子、孔徑細小的篩網、保鮮膜、打蛋器、塑膠袋、網架

5　裝入擠花袋中，保持一定的間隔在烤盤上擠出8個。

6　在表面上噴水，用叉子壓出格紋(b)，以190℃的烤箱烤30 ～ 35分鐘。

7　烤好後放在網架上冷卻，然後切掉上半部。

8　〈卡士達醬〉在鍋中放入牛奶開火加熱，快要沸騰就關火。

> **MINOSUKE POINT**
> 卡士達醬一般都只有用蛋黃製作，這裡則是使用全蛋，做成更為清爽的風味。

9　在調理盆中打散蛋，加入細砂糖攪拌，然後混入香草油。

10　接著加入低筋麵粉，用打蛋器攪拌，然後將 8 分成 2 次加入，每次都要充分攪拌。

11　洗淨 8 的鍋子後把 10 倒回去，以中大火邊加熱邊攪拌。煮到開始冒泡，就再加熱約30秒，等到變得有光澤就完成了。

12　用孔徑細小的篩網過濾到調理盆中，將保鮮膜貼著表面覆蓋上去。放在另一個裝有冰塊的調理盆上，同時也在保鮮膜上面放裝有冰塊的塑膠袋，使其急速冷卻，之後送進冰箱冷藏約30分鐘。

13　從冰箱取出，用打蛋器攪拌軟化後裝入擠花袋。

14　擠入泡芙殼的下半部到快要滿出來，然後蓋上上半部，再用茶篩撒上糖粉。

泡芙麵糊的蛋量請視情況斟酌調整。

Recipe **12**

絲滑乳酪凍派

這是一道沒有使用鮮奶油，吃起來卻滑順又清爽的乳酪蛋糕。
既像生乳酪、又像烤乳酪的奇妙口感令人一吃上癮。
搭配葡萄酒或水果享用也很美味喔。

材料　外尺寸18.4 × 9.1 × 高6.3cm的磅蛋糕模1個份

奶油乳酪 200g
細砂糖 60g
優格（原味） 200g
蛋 1顆

事前準備

○ 奶油乳酪、優格、蛋要分別回復至室溫。

○ 在模具中鋪可重複使用的烘焙紙。

○ 在隔水加熱的容器中鋪紙巾。

> **MINOSUKE POINT**
> 鋪紙巾是為了固定模具及溫和地加熱。

作法

1 在調理盆中放入奶油乳酪，用打蛋器攪拌至軟化。
→開始預熱！

預熱 **160℃**

2 加入細砂糖，用打蛋器畫圓攪拌。接著依序加入優格、蛋，每次都以相同方式攪拌。

3 用孔徑細小的篩網過濾，倒入模具中。

4 將模具在檯面上摔幾下，去除多餘的空氣。

5 放入隔水加熱容器後置於烤盤中，加入大約模具 1/3 高度的熱水（70℃）(a)。以160℃的烤箱蒸烤大約30分鐘。

> **MINOSUKE POINT**
> 搖晃模具，如果表面不會晃動就表示烤好了。

a

6 大致冷卻後送進冰箱冷藏一晚。

7 連同烘焙紙一起脫模，撕掉側面的紙，倒置在平坦容器中。

> **MINOSUKE POINT**
> 因為烤好的蛋糕非常柔軟，動作請務必輕柔！

> **需要準備的道具**
> 秤、磅蛋糕模、可重複使用的烘焙紙、隔水加熱容器、紙巾、調理盆（18cm）、打蛋器、孔徑細小的篩網

Recipe *13*

紮實的卡士達布丁

用磅蛋糕模製作的巨大布丁。作法簡單，存在感卻不容忽視。

因為食譜非常好學又好記，想做的時候就能輕鬆動手做。

這裡雖然是用磅蛋糕模製作，不過改用布丁杯也OK。

150㎖的布丁杯可以做出6個，烤箱的溫度和時間都相同。

需要準備的道具

秤、磅蛋糕模、可重複使用的烘焙紙、隔水加熱容器、紙巾、鍋子、調理盆（18cm）、打蛋器、孔徑細小的篩網、鋁箔紙、湯匙

事前準備

○ 蛋要回復至室溫。

○ 在磅蛋糕模中鋪可重複使用的烘焙紙。

○ 在隔水加熱的容器中鋪紙巾。

> **MINOSUKE POINT**
> 鋪紙巾是為了固定模具及溫和地加熱。

作法

1 〈焦糖〉在鍋中放入細砂糖和一半的水混合，一邊搖晃鍋子一邊以中火加熱。

2 等到整體變成金黃色就關火，加入剩下的水。

> **MINOSUKE POINT**
> 滾燙的液體會噴濺，請務必小心燙傷！如果擔心燙到，可以在鍋子上覆蓋鋁箔紙，從縫隙倒入水。

3 晃動鍋子攪拌焦糖液，將其倒入模具中。放進冰箱冷藏到凝固為止。

4 〈布丁液〉在另一個鍋中放入牛奶，以中火加熱到鍋緣開始冒泡為止（約70℃）。→開始預熱！

預熱 160℃

5 在調理盆中打散蛋，加入細砂糖、香草油，用打蛋器快速地攪拌。

6 將**4**分成2次加入，用打蛋器靜靜地攪拌。以孔徑細小的篩網過濾，倒入**3**中。

> **MINOSUKE POINT**
> 不要打發起泡。只要將濃稠的蛋白打散，整體呈現均勻狀態即可。

7 將布丁液放入隔水加熱容器後置於烤盤中，加入大約模具一半高度的熱水（70℃）。蓋上鋁箔紙，以160℃的烤箱烤約40分鐘。

8 取出模具大致放涼，送進冰箱冷藏一晚。

9 用湯匙背面輕輕按壓邊緣，讓布丁和模具分離 (a)，然後蓋上平坦的容器倒扣在上面。

a

材料 外尺寸18.4 × 9.1 ×高6.3cm的磅蛋糕模1個份

〈焦糖〉

細砂糖 50g
水 20g

〈布丁液〉

牛奶 400g
蛋 4顆
細砂糖 80g
香草油 4滴

甜點的美味期限：冷藏保存3天。

Recipe 14

綿密Q彈的蒸布丁

輕鬆就能用鍋子做出口味溫和的布丁。

最適合當成孩子的點心，或在疲憊時吃上一個。

這是特別為不愛焦糖苦味的你設計的食譜。

材料　90㎖的耐熱容器6個份

〈糖漿〉
甜菜糖 40g
水 20g

〈布丁液〉
牛奶 400g
蛋 2顆
甜菜糖（或細砂糖）................. 40g
香草油 4滴

事前準備

○　蛋要回復至室溫。

作法

1　〈糖漿〉在鍋中放入甜菜糖和水，開火煮至沸騰後關火放涼。

2　〈布丁液〉在鍋中放入牛奶，以中火加熱到鍋緣開始冒泡為止（約70℃）。

3　在調理盆中打散蛋，加入甜菜糖和香草油，用打蛋器畫圓攪拌。

> **MINOSUKE POINT**
> 不要打發起泡。只要將濃稠的蛋白打散，整體呈現均勻狀態即可。

4　將**2**分成2次加入，靜靜地攪拌。用孔徑細小的篩網過濾，平均地倒入容器中。

5　在另一個鍋中放入大約容器 1/3 高度的水，煮沸之後鋪上布巾，再將**4**排放進去。

> **MINOSUKE POINT**
> 放入容器時，如果水位不在容器高度的 1/3 左右，熱水就會跑到容器裡，這一點要格外小心。

6　蓋上用布巾包住的蓋子，以中大火加熱3分鐘，之後關火繼續蒸20分鐘。

> **MINOSUKE POINT**
> 用布巾包住蓋子是為了防止蒸氣滴落。

7　送進冰箱冷藏。享用之前再淋上**1**的糖漿。

請留意容器和水量!! 水有可能會跑到容器裡！

> **需要準備的道具**
> 秤、鍋子、調理盆（18cm）、打蛋器、孔徑細小的篩網、耐熱容器（cotta的布丁瓶）、布巾（鍋底用、鍋蓋用）

甜點的美味期限：冷藏保存3天。

蛋糕的正確切法

蛋糕如果切得像商店一樣漂亮，光用看的就覺得好美味，
讓人忍不住食指大動。建議使用切麵包用的鋸齒麵包刀，
一片一片仔細地切。

1

將抹刀伸進蛋糕下方，用手扶著移動到砧
板上。

2

在鋸齒麵包刀上淋熱水加熱，再用布巾擦
乾水分。

拿掉裝飾
會比較好切喔!!

3

將刀刃筆直地朝蛋糕切下，然後一邊大幅
度地前後移動，一邊往下切到底。這時注
意手腕不要出力，而是要利用刀刃的重量
來切。

4

再次用熱水淋刀子，沖掉上面的鮮奶油，
然後用布巾擦乾水分。重複這個步驟。

PART 2

想和他人
一同分享的甜點

外觀可愛的甜點總是讓人忍不住
想跟他人提起，或是拍照與他人分享對吧？
以下就是要介紹這樣的甜點。
不僅外表美觀，還有像是使用自製煉乳、
或是用豆腐做成的塔等甜點，
讓人想跟品嚐者多誇耀幾句呢。

餡料滿滿的水果千層蛋糕

在千層餅皮上疊放各式水果，
變身成華麗又可愛的千層蛋糕！
一起學習在切開蛋糕時，
讓水果看起來豐富美麗的祕訣吧。

材料　直徑15cm的千層蛋糕1個份

〈底部的海綿蛋糕糊〉

蛋	1顆
細砂糖	30g
低筋麵粉	30g
牛奶	5g
植物油（米糠油）	5g

〈餅皮麵糊〉

低筋麵粉	40g
細砂糖	20g
鹽	1撮
蛋	1顆
植物油（米糠油）	8g
牛奶	125g

〈奶油〉

鮮奶油	200g
細砂糖	14g

〈最後步驟〉

草莓	14顆左右
香蕉	2根左右

需要準備的道具

秤、粉篩、圓模（15cm）、烘焙紙、透明文件夾（A4）、剪刀、油性筆、蛋糕轉盤、透明膠帶、調理盆（18cm）、手持電動攪拌器、打蛋器、鍋子、刮刀、茶篩、平底鍋（21cm）、杓子、抹刀、保鮮膜、鋸齒麵包刀

事前準備

○ 低筋麵粉要分別過篩。

○ 在15cm的圓模中鋪烘焙紙。

○ 製作蛋糕分片板。用剪刀將A4大小的透明文件夾剪成2片。在其中1片上用油性筆畫出直徑15cm和18cm的同心圓，然後沿著18cm的線剪下。從圓心放射狀地分成6等分畫線，接著將該面朝下放在蛋糕轉盤上，用透明膠帶固定住(a)。

作法

1 〈底部的海綿蛋糕糊〉在調理盆中放入蛋和細砂糖，用打蛋器攪拌，並以隔水加熱（70℃）的方式加熱到32〜34℃。

> **MINOSUKE POINT**
> 之後隔水加熱 **5** 要使用的牛奶和植物油。

2 以手持電動攪拌器的「高速」打1分鐘，再以「低速」打1〜2分鐘。等到麵糊滴落時會留下痕跡就完成了。→開始預熱！

預熱 **170℃**

3 以打蛋器畫圓攪拌，調整氣泡的大小。

4 將低筋麵粉散布於表面，用刮刀從底部往上翻拌（一共攪拌約60次）。

5 加入 **1** 隔水加熱過的牛奶和植物油，迅速地攪拌。

6 倒入模具中，用刮刀的前端畫圓攪拌表面，使整體融合。

7 在布巾上摔幾下去除多餘的氣泡，然後放在烤盤上，以170℃的烤箱烤約18分鐘。

8 出爐後從高約10cm的位置摔在檯面上，接著脫模，置於網架上放涼。撕掉烘焙紙，切成1.5cm厚的片狀。

因為只要底部有海綿蛋糕就夠了，所以這次烤出來的成品比較矮。

矮矮的

9 〈餅皮麵糊〉在調理盆中放入低筋麵粉，加入細砂糖和鹽用打蛋器混合，接著依序加入蛋、植物油，每次加入都要攪拌均勻。

10 分2次加入牛奶，每次加入都要充分攪拌。覆上保鮮膜，送進冰箱冷藏鬆弛約1小時。

11 要煎之前用茶篩過濾，以免結塊。

12 以中火加熱平底鍋，放在布巾上面。讓紙巾吸收植物油（另外準備）塗抹於平底鍋，然後倒入略少於1杓的 **11** 的麵糊使其延展開來。

13 轉成中小火加熱麵糊，等到麵糊開始冒泡就翻面。煎熟後取出放在容器裡。重複 **12 〜 13**，煎完剩下的麵糊（大約7片）。

> **MINOSUKE POINT**
> 戴上NBR手套翻面時就不容易覺得燙。這時，要將煎得最漂亮的一片預留起來。

14 〈奶油〉在調理盆中放入鮮奶油和細砂糖，底部一邊接觸冰水，一邊以手持電動攪拌器的「高速」打成八分發。

15 〈最後步驟〉草莓去掉蒂頭，切成5mm厚，放在紙巾上吸收水氣。香蕉剝皮，切成5mm厚。

16 將 **8** 的海綿蛋糕放在蛋糕轉盤上，用抹刀塗上奶油，然後放上餅皮。再次塗上奶油，將草莓排放在分片板的線上，抹上奶油，放上餅皮。以相同方式排放香蕉(b)，抹上奶油。再重複這個步驟3次，繼續堆疊。

17 最後放上 **13** 預留備用的餅皮，修整形狀。

18 覆上保鮮膜，送進冰箱冷藏約30分鐘，讓蛋糕穩定下來。以加熱過的鋸齒麵包刀，沿著分片板的線切成6等分，依個人喜好放上草莓。

甜點的美味期限：冷藏保存2天。

無麵粉、乳製品的舒芙蕾鬆餅

鬆軟輕盈的口感實在太迷人。
因為可以用電烤盤一次煎很多，
所以不妨和孩子一起享受開心的烹飪時光吧。

需要準備的道具

秤、粉篩、調理盆（18cm）、打蛋器、手持
電動攪拌器、刮刀、電烤盤、杓子、鍋鏟

材料　直徑7cm左右的鬆餅4片份

蛋黃	2顆份
水	20g
植物油（米糠油）............................	10g
A ‖ 日本太白粉	20g
‖ 泡打粉	2g
蛋白	2顆份
細砂糖	20g
香蕉、藍莓	各適量
蜂蜜（或是楓糖漿）.........................	適量

事前準備

○　**A**要混合過篩。

作法

1　在調理盆中放入蛋黃、水、植物油，用打蛋器攪拌，然後加入**A**繼續
攪拌。

2　在另一個調理盆中放入蛋白和細砂糖，以手持電動攪拌器的「高速」打
約3分鐘，直到產生尖角。

3　在**1**中加入⅓的**2**，用刮刀從底部往上翻拌，然後放入**2**的調理盆
中。用刮刀輕柔地翻拌，以免消泡。

4　電烤盤加熱到130℃，將**3**的麵糊分成4等
分，用杓子放在烤盤上(a)，接著加入1大匙
的水（另外準備），加蓋燜煎。

5　等到底面變成金黃色就以鍋
鏟翻面，再次加入1大匙的
水（另外準備），加蓋將兩面
煎熟。

**MINOSUKE
POINT**
觸碰鬆餅的側面，
如果沒有沾黏就表
示煎好了(b)。

6　盛入容器，添上切成1.5cm
厚的香蕉和藍莓，最後淋上蜂蜜。

MINOSUKE POINT
如果用平底鍋一片一片煎，最先煎好的鬆餅會塌陷萎縮，所以
才使用可以一次煎很多片的電烤盤。

甜點的美味期限：煎好後立即食用。

Recipe **17**

裝飾杯子蛋糕

麵糊沒有使用奶油，而且一盆到底。
在蛋糕上擠出清新感十足的奶油霜增添可愛感，
無論當成點心或伴手禮都適合！

需要準備的道具
秤、粉篩、保鮮膜、擠花袋、星型花嘴（8齒7號）、杯子、調理盆（18cm）、打蛋器、馬芬杯、格拉辛紙杯、手持電動攪拌器、刮刀、湯匙、網架

材料　直徑6×高3.5cm的馬芬杯6個份

蛋	2顆
細砂糖	100g
植物油（米糠油）	50g
優格（原味）	80g
A ‖ 低筋麵粉	130g
泡打粉	5g

〈奶油霜〉

奶油（無鹽）	60g
奶油乳酪	30g
糖粉	30g
柑橘果醬	60g

事前準備

○　蛋和優格要回復至室溫。

○　**A**要混合過篩。

○　奶油和奶油乳酪要分別用保鮮膜包覆來，回復至室溫。

○　將裝上星型花嘴（8齒7號）的擠花袋裝在杯子上。

○　在馬芬杯中放入格拉辛紙杯。

作法

1　在調理盆中打散蛋，加入細砂糖用打蛋器攪拌。接著依序加入植物油、優格、**A**，每次加入都要攪拌均勻。
→開始預熱！

預熱 **170℃**

2　平均地倒入模具，以170℃的烤箱烤約35分鐘。

3　出爐後從高約10cm的位置摔在檯面上，置於網架上放涼。

4　〈奶油霜〉在另一個調理盆中放入奶油，以手持電動攪拌器的「中速」打軟，然後加入糖粉攪拌至泛白。

5　加入奶油乳酪充分混勻，用刮刀裝進擠花袋中。

6　在**3**上面擠上一圈**5**，然後用湯匙在內側放上1/6的果醬。其餘的作法亦同。

如果烤出來的蛋糕歪頭了……

原因有2個。

①烤箱內加熱不均：
中途改變烤盤的方向即可解決。

②蛋或優格太冰涼：
一定要回復至室溫。也可以將蛋稍微隔水加熱。

甜點的美味期限：冷藏保存2天。

Recipe **18**

餅乾奶油蛋糕

這款奶油蛋糕有著蓬鬆可愛的蕈菇造型，
小熊餅乾的香氣和酥脆口感更是令人驚豔。
請務必用自己喜歡的餅乾試著做做看。

材料　直徑 6 × 高 3.5 ㎝的馬芬杯 6 個份

奶油（無鹽）	100g
糖粉	90g
蛋液	50g
A ‖ 低筋麵粉	130g
‖ 泡打粉	3g
優格（原味）	50g
喜歡的餅乾（市售）	18 片

＊這裡是使用無印良品的小熊造型「甜菜糖餅乾」。

事前準備

○　奶油、蛋液和優格要回復至室溫。
○　**A** 要混合過篩。
○　在馬芬杯中放入格拉辛紙杯。

作法

1　在調理盆中放入奶油，以手持電動攪拌器的「高速」打軟。

2　加入糖粉攪拌至泛白。

3　將蛋液分 4 ～ 5 次加入，每次加入都要確實攪拌到蛋液完全被吸收。→開始預熱！

預熱 **170°C**

4　接著加入 **A**，用刮刀從底部往上翻拌至粉感消失。

5　最後加入優格攪拌成滑順狀，平均地倒入模具中。

6　排放在烤盤上，以170℃的烤箱烤 10 分鐘取出，各放上 3 片餅乾 (a)，再繼續烤 15 ～ 20 分鐘。

a

7　出爐後從高約 10 ㎝的位置摔在檯面上，置於網架上放涼。

中途才放上餅乾
是為了避免
餅乾沉下去。

需要準備的道具

秤、粉篩、馬芬杯、格拉辛紙杯、調理盆、手持電動攪拌器、刮刀、網架

不易對胃造成負擔的豆腐塔

這道甜點沒有使用蛋、牛奶、麵粉，

而是以水嫩綿密的豆腐作為基底。

除了直接吃，搭配當季水果享用更是一絕！

材料　直徑18cm的塔模1個份

〈塔皮麵團〉

嫩豆腐	15g
黍砂糖	30g
鹽	1撮
植物油（米糠油）	30g
A ‖ 米粉	60g
杏仁粉	40g

〈杏仁奶油〉

嫩豆腐	100g
黍砂糖	80g
鹽	2撮
植物油（米糠油）	50g
B ‖ 杏仁粉	120g
米粉	40g
蘭姆酒	15g

〈最後步驟〉

藍莓果醬	70g左右
葡萄（貓眼）	1串

事前準備

○　A和B分別混合過篩。

○　葡萄洗淨後擦乾水分，其中一半稍微劃刀，在滾水中汆燙20秒，然後浸泡冷水去皮。

需要準備的道具

秤、粉篩、調理盆（18cm）、打蛋器、刮刀、厚度尺（3mm）、擀麵棒、塔模、叉子、鍋子、刷子、網架

作法

1　〈塔皮麵團〉在調理盆中放入豆腐、黍砂糖、鹽，用打蛋器混合，然後慢慢地加入植物油攪拌。

2　加入**A**，用刮刀攪拌成沙粒狀。→開始預熱！

預熱 160℃

3　用手聚集成團後用保鮮膜夾起來，在兩側放置3mm的厚度尺，以擀麵棒擀成直徑21cm左右的圓形。放在模具上，用手按壓鋪滿整個模具(a)。接著用叉子在整個底部戳洞。

MINOSUKE POINT
這時麵團稍微有些鬆散也沒關係。用手指按壓，鋪滿整個模具。

4　以160℃的烤箱盲烤約10分鐘。

5　〈杏仁奶油〉在調理盆中放入豆腐、黍砂糖、鹽，用刮刀混合，然後慢慢地加入植物油攪拌。→開始預熱！

預熱 170℃

6　加入**B**攪拌成滑順狀，然後加入蘭姆酒混合均勻。

7　將**6**放入**4**中，用刮刀抹平。

8　以170℃的烤箱烤50～60分鐘，出爐後直接放在網架上冷卻(b)。

9　用刷子塗上藍莓果醬，最後擺上葡萄做裝飾。

甜點的美味期限：冷藏保存2天。

Recipe **20**

草莓優格慕斯蛋糕

這道甜點加上了令人心生嚮往的淋面。
優格慕斯的美味祕訣在於水切優格。
味道清爽,卻又同時兼具濃郁滑順的口感。
非常推薦作為餐後甜點!

材料　直徑15cm的圈模1個份

〈優格慕斯〉

水切優格	180g（以400g瀝水）
吉利丁粉	8g
冷水	40g
鮮奶油	200g
細砂糖	40g
草莓	6顆左右（120g）

〈淋面〉

細砂糖	60g
水	30g
牛奶	30g
白巧克力	90g
吉利丁粉	3g
冷水	15g
馬利餅（市售）	4片
草莓（裝飾用）	9顆
草莓凍乾（方塊）	適量

事前準備

○ 吉利丁粉要分別放入冷水中泡開。

○ 在置於調理盆上的篩網中鋪紙巾，放入優格400g，蓋上紙巾。在上面放上盤子當成重物，在室溫下瀝水約30分鐘，直到變成180g。

○ 優格慕斯的草莓要去蒂頭，切成5mm見方。

○ 在方形淺盤中鋪保鮮膜，放上圈模。

作法

1 〈優格慕斯〉在調理盆中放入鮮奶油、細砂糖，底部一邊接觸冰水，一邊以手持電動攪拌器的「高速」打成七分發。

2 以隔水加熱（70℃）的方式融化泡開的吉利丁，加入一部分的1，用打蛋器攪拌。

3 在1中混入水切優格和2。

4 將一半的3倒入方形淺盤內的圈模中，鋪滿草莓之後再倒入剩下的3。

5 將方形淺盤在檯面上摔幾下使其平坦，然後放上餅乾，送進冰箱冷凍約8小時直到完全凝固。

6 〈淋面〉在鍋中放入細砂糖、水、牛奶，開火煮沸後關火，加入白巧克力(a)。

7 等到白巧克力完全融化，加入泡開的吉利丁，用刮刀攪拌溶解。

8 用茶篩過濾，降溫到22℃左右。

9 用溫熱的濕布加熱5的側面，取下圈模。

10 放在網架上，將8一口氣淋上去，然後用抹刀抹開3～4次，使其流到側面(b)。

11 放在平坦的容器上，裝飾上草莓，最後撒上草莓凍乾。

MINOSUKE POINT
優格切起不要冷藏。一開始先讓部分鮮奶油和吉利丁混合，再和全體一起攪拌，這樣比較不容易結塊。

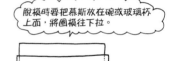
脫模時要把慕斯放在碗或玻璃杯上面，將圈模往下拉。

需要準備的道具
秤、調理盆（18cm）、篩網、紙巾、盤子、方形淺盤、保鮮膜、手持電動攪拌器、鍋子、打蛋器、圈模（15cm）、刮刀、茶篩、濕布、抹刀、網架

甜點的美味期限：當天食用完畢。在步驟5冷凍可保存7天。

Recipe **21**

瓶裝水果潘趣酒

水果直接吃當然好吃，
不過做成水果潘趣酒更能享受到和不同果汁交織出的美妙滋味。
果凍和水果的搭配也很有趣。

需要準備的道具
秤、水果刀、鍋子、瓶子（240㎖）

Arrange

材料　240㎖的瓶子3個份

〈檸檬糖漿〉
細砂糖 60g
水 300g
檸檬汁 .... ½顆份

喜歡的水果 合計450g
← 這裡是使用柳橙、鳳梨、奇異果、草莓、藍莓、蘋果。

事前準備

○　柳橙切成8等分去皮，然後對切。

○　鳳梨去皮去芯，切成一口大小。

○　奇異果削皮後縱向切成4等分，再橫向切成
　　3等分。

○　草莓洗淨後去掉蒂頭。很大顆就縱向對切。

○　蘋果削皮之後切成8等分，去芯並切成一口
　　大小。

使用水果潘趣酒剩下的水果
「水果果凍」

選擇喜歡的水果即可。鳳梨和奇異果因為含有蛋白質分解酵素，所以無法使用吉利T。使用吉利T讓糖漿凝固，做成果凍。

材料　50㎖的玻璃杯5個份

細砂糖 60g
吉利T 12g
檸檬汁 .... ½顆份
水 300g
水果 .... 適量

作法

1　將細砂糖和吉利T混勻。

2　檸檬汁用茶篩過濾。

3　在鍋中放入水，開火煮沸後加入 **1**，用打蛋器邊攪拌邊加熱約2分鐘，之後關火加入 **2** 攪拌。

4　移入調理盆與冰水接觸，大致冷卻後放入冰箱冷藏約1小時。用湯匙攪碎，和水果交錯放入玻璃杯中。

作法

1　〈檸檬糖漿〉在鍋中放入細砂糖和水，開火煮沸後關火，加入檸檬汁，靜置放涼。

2　將五彩繽紛的水果放入瓶中，倒入 **1** 的糖漿，蓋上蓋子。

Recipe **22**

自製煉乳和草莓煉乳布丁

煉乳不用花錢買，在家也可以自己做。
只要熬煮牛奶和細砂糖就好，非常簡單。
沒有草莓的時期，也可以使用等量的水果泥喔。

材料 80㎖的容器5個份

〈自製煉乳〉 成品約300g
牛奶 500g
細砂糖 100g

〈草莓煉乳布丁〉
草莓 .... 9顆左右（150g）
煉乳（使用上述的自製煉乳）.......................... 80g
吉利丁粉 5g
冷水 25g
冰牛奶 200g

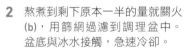

事前準備

○ 草莓去蒂頭，用電動攪拌器（或食物調理機）打成泥，移入
調理盆中。

○ 吉利丁粉要放入冷水中泡開。

作法

1 〈自製煉乳〉在鍋中放入牛奶
和細砂糖，為避免燒焦，要一邊
用刮刀攪拌，一邊以中火煮約8
分鐘(a)。等到產生濃稠度就把
火轉小繼續煮。

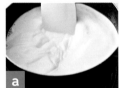

2 熬煮到剩下原本一半的量就關火
(b)，用篩網過濾到調理盆中。
盆底與冰水接觸，急速冷卻。

3 〈煉乳布丁〉以隔水加熱（60℃）
的方式融化泡開的吉利丁，加入
2的煉乳80g。

4 將**3**放入裝有草莓的調理盆，將
牛奶分2次加入，每次加入都要
充分攪拌。

5 平均地倒入容器中，送進冰箱冷藏2小時以上。

6 要吃的時候從冰箱取出，淋上適量的煉乳（另外準備）。

┄┄┄┄┄┄┄┄┄┄┄┄┄┄┄┄┄┄┄┄┄┄┄┄┄┄
需要準備的道具
秤、電動攪拌器（或食物調理機）、鍋子、刮刀、篩
網、調理盆（18㎝）、80㎖的容器（weck）
┄┄┄┄┄┄┄┄┄┄┄┄┄┄┄┄┄┄┄┄┄┄┄┄┄┄

甜點的美味期限：自製煉乳冷藏保存5天。草莓煉乳布丁冷藏保存3天。

Recipe **23**

水果牛奶寒天

只要以罐裝水果和
甜納豆搭配牛奶寒天，
就成了一道
令人懷念的可愛甜點。
一起開心地將甜點
點綴得五彩繽紛吧。

需要準備的道具
秤、耐熱容器、保鮮膜、水果刀、紙巾、鍋子、打蛋器、
茶篩、杯子、玻璃容器（180㎖）

材料　容量180㎖的玻璃容器4個份

寒天粉	2g
水	100g
細砂糖	30g
牛奶	200g
鳳梨（罐頭／切片）	3片
橘子（罐頭）	18瓣
櫻桃（罐頭）	4顆
甜納豆	24g

〈糖漿〉

細砂糖	20g
水	60g

事前準備

○ 牛奶放入耐熱容器中、覆上保鮮膜，以600W的微波爐加熱1分鐘。

○ 每一片鳳梨分別切成4等分。

○ 甜納豆洗淨後用紙巾擦乾。

作法

1 在容器中放入色彩繽紛的水果和甜納豆。這時要先將裝飾用的水果預留備用。

2 在鍋中放入水，加入寒天粉，用打蛋器攪拌均勻後開中火煮沸，等到寒天完全溶解就加入細砂糖，溶解後關火。

3 分2次加入牛奶，每次都要充分攪拌，然後以茶篩過濾到杯中。

4 半均地倒入**1**的容器，送進冰箱冷藏凝固約1小時。

5 〈**糖漿**〉在鍋中放入細砂糖和水，開火煮沸後關火，移入容器放涼。

6 在**4**上裝飾**1**預留的水果，淋上**5**。

甜點的美味期限：冷藏保存3天。

Recipe 24

卡士達焦糖冰蛋糕

冰蛋糕如果能夠在家自製，
氣氛肯定會非常歡樂！
這道甜點是做成焦糖口味，
假使沒有焦糖，
搭配水果享用也一樣美味喔。

材料　外尺寸18×8.6×高6.3cm的磅蛋糕模1個份

〈卡士達醬〉

牛奶	200g
蛋	1顆
細砂糖	40g
低筋麵粉	10g
香草油	2滴

〈冰蛋糕〉

奶油乳酪	200g
鮮奶油	100g
細砂糖	40g
卡士達醬	150g

〈最後步驟〉

卡士達醬	冰蛋糕用剩的（約30g）
細砂糖	適量
餅乾（蓮花）	5片

需要準備的道具

秤、粉篩、調理盆（18cm）、磅蛋糕模、烘焙紙、打蛋器、鍋子、刮刀、孔徑細小的篩網、保鮮膜、塑膠袋、噴槍、刀子

事前準備

○　奶油乳酪要回復至室溫。

○　低筋麵粉要過篩。

○　將鮮奶油和細砂糖放入調理盆中，盆底接觸冰水打成八分發，放入冰箱冷藏備用。

○　在模具中鋪烘焙紙。

作法

1　〈卡士達醬〉在鍋中放入牛奶，開火煮沸後關火。

2　在調理盆中打散蛋，加入細砂糖用打蛋器攪拌，之後也把香草油加進去混合。

3　加入低筋麵粉，用打蛋器攪拌，接著將1分成2次加入，每次都要充分攪拌。

4　洗淨1的鍋子後把3倒回去，以中大火邊加熱邊以刮刀攪拌。煮到開始冒泡，就再加熱約30秒，等到變得有光澤就完成了。

5　用孔徑細小的篩網過濾到調理盆中，將保鮮膜貼著表面覆蓋上去。放在另一個裝有冰水的調理盆上，同時也在保鮮膜上面放裝有冰塊的塑膠袋，使其急速冷卻，之後送進冰箱冷藏約30分鐘。

冷卻後
如果卡士達醬不會
黏在保鮮膜上，
就表示有充分加熱！

6　從冰箱取出，用打蛋器攪拌成滑順狀。先秤出150g（冰蛋糕用），剩餘的留下來在最後使用。

7　〈冰蛋糕〉將奶油乳酪分2次加入6中，每次都要用刮刀攪拌均勻。

8　分2次加入打發好的鮮奶油，每次都要用刮刀從底部往上輕柔地翻拌。

9　〈最後步驟〉倒入模具中，放上餅乾，送進冰箱冷凍凝固8小時以上。

MINOSUKE POINT
這裡使用的噴槍是在瓦斯罐上裝噴頭。

10　連同烘焙紙一起脫模，然後倒過來撕掉烘焙紙。抹上卡士達醬，撒上細砂糖，用噴槍烤出焦糖色澤(a)。

11　用刀子輕輕敲碎焦糖(b)，切成大約2cm厚，盛入容器。

保存時，別忘了把製作日期也寫上去喔！

甜點的保存方式

保存做好的甜點時，需要將如何維持美味也考慮進去。
以下介紹冷藏、冷凍、室溫保存的重點。

冷藏保存的甜點

為了不破壞抹得漂漂亮亮的鮮奶油，放進蛋糕盒裡保存是最理想的，然而這樣卻很占空間。假使冰箱的空間不夠，建議可以將蛋糕切塊，然後把密封容器倒過來，將蛋糕放在蓋子上，再把容器當成蓋子覆蓋上去。

冷凍保存的甜點

磅蛋糕這類口感濕潤的烘焙甜點只要冷凍，就能延長保存期限。如果想要慢慢地每次只吃一點，可以將蛋糕切片用保鮮膜包覆來，放入冷凍保鮮袋中保存。如此一來，就能盡可能地避免乾燥、沾染異味的情況。只不過，再次冷凍會使得蛋糕劣化變質，所以不建議這麼做。食用時，請置於室溫下解凍。

室溫保存的甜點

保存餅乾這類乾燥的甜點時，要和乾燥劑一起放進密封容器或夾鏈保鮮袋中保存。保鮮袋和乾燥劑可以在百圓商店等店家購得，建議不妨多買一些備用。

PART3
想要包裝起來
送禮的烘焙甜點

説起方便送禮的甜點，第一個想到的
就屬餅乾這類烘焙甜點了。
接下來要介紹的甜點，
從超省時簡單到稍微比較費工的種類皆有，
每種使用的食材都十分常見好入手，
請務必試著做做看。

擠花餅乾
>>> Recipe p.77

酥鬆的雪球餅乾
>>> Recipe p.76

簡單的糖霜餅乾
>>> Recipe p.78

檸檬餅乾
>>> Recipe p.79

Recipe **25**

酥鬆的雪球餅乾

不使用蛋、奶、麵粉的餅乾。
在口中慢慢散開的酥鬆口感超受歡迎。
只要以植物油製作,就能烤出香氣十足且輕盈的口感。

材料　26個份

A	糖粉	15g
	杏仁粉	50g
	米粉	50g
	鹽	1撮
植物油(米糠油)		50g
糖粉		適量

事前準備

○　在烤盤上鋪烘焙紙。

作法

1　在調理盆中放入 **A**,用刮刀稍微攪拌一下。加入植物油,將整體攪拌均勻,然後分成每份各6g。→開始預熱!

預熱 160℃

2　逐一放在手上揉捏成團(a)。用兩手輕輕地滾動,揉成球狀。

3　排放在烤盤上,以160℃的烤箱烤約25分鐘。

4　取出烤盤,靜置冷卻。用手觸摸,等到變得溫溫的(50℃),放入裝有適量糖粉的塑膠袋中混合,然後取出放在方形淺盤上。

5　用茶篩撒上適量糖粉就完成了。

a

MINOSUKE POINT
溫度太高糖粉會剝落,太低又會黏不住,所以請務必留意溫度!

需要準備的道具
秤、烘焙紙、調理盆(18cm)、刮刀、塑膠袋、方形淺盤、茶篩

　　　　甜點的美味期限:做好的隔天起更加美味。和乾燥劑一起放進密封容器內,室溫保存5天。

Recipe 26

擠花餅乾

富含空氣、口感輕盈的一款餅乾。
濃郁的奶油香氣與樸實風味十分迷人。
擠花時可以自行變化出各種造型，非常好玩喔。

材料　直徑 3.5 cm 的餅乾 52 片份

奶油（無鹽）..	100g
糖粉	80g
蛋液	50g
低筋麵粉	160g

事前準備

○　奶油和蛋液要回復至室溫。
○　糖粉和低筋麵粉要分別過篩。
○　將裝上星型花嘴（8齒7號）的擠花袋裝在杯子上。
○　在烤盤上鋪烘焙紙。

作法

1　在調理盆中放入奶油，再以手持電動攪拌器的「高速」打成滑順狀。

> **MINOSUKE POINT**
> 假使因為奶油太軟導致無法產生空氣感，之後加入糖粉攪拌時請一邊稍微將盆底與冰水接觸。

2　加入糖粉，為避免飛散要先用刮刀混合，再改以手持電動攪拌器的「高速」攪拌至泛白。

3　分次少量地加入蛋液，且每次都要一邊用刮刀將附著在調理盆邊緣的蛋液刮下來，一邊以手持電動攪拌器的「高速」攪拌。→開始預熱！

預熱 180℃

4　加入粉，一開始先以切拌的方式攪拌，等到大致混合好了就往調理盆底部按壓攪拌(a)，直到成團。

5　在擠花袋中裝入一半的 **4**，保持一定的間隔擠在烤盤上 (b)，以180℃的烤箱烤15分鐘。剩下的也以相同方式烘烤。

> **MINOSUKE POINT**
> 如果烤出來的餅乾扁塌，有可能是因為烤箱溫度過低、下火不夠強，或是擠出來的麵糊溫度過高。

a

b

6　放在烤盤上靜置冷卻。

需要準備的道具

秤、粉篩、擠花袋、星型花嘴（8齒7號）、杯子、烘焙紙、調理盆（18 cm）、手持電動攪拌器、刮刀

① 擠一點出來

② 像畫圖一樣擠在上面

③ 最後要往斜下方迅速地放鬆力道

甜點的美味期限：和乾燥劑一起放進密封容器內，室溫保存5天。

Recipe **27**

簡單的糖霜餅乾

用酸酸甜甜的糖霜，
妝點低甜度的樸實餅乾。
華麗的外觀，當成禮物送人非常合適又體面。

材料　心型餅乾（寬約3.5cm）約50片份

奶油（無鹽）................................	100g
糖粉	70g
蛋黃	1顆份
低筋麵粉	180g

〈糖霜〉　各約20片份

A	糖粉	50g
	檸檬汁	10g
B	糖粉	50g
	草莓粉	2g
	水	10g

事前準備

○　奶油要回復至室溫。

○　糖粉和低筋麵粉要分別過篩。

○　在烤盤上鋪烘焙紙。

作法

1　在調理盆中放入奶油，用刮刀攪拌成滑順狀，然後加入糖粉攪拌融合。

2　加入蛋黃繼續攪拌，再加入低筋麵粉攪拌到整體融合。

3　用刮板分次少量地壓向檯面，聚集成團，用保鮮膜包覆，送進冰箱冷藏鬆弛2小時～一晚。

> **MINOSUKE POINT**
> 可以的話請鬆弛一個晚上。
> 麵團經過長時間鬆弛後會更
> 加融合，也會變得比較容易
> 操作。

4　從冰箱取出用擀麵棒敲打，將麵團打軟。

5　將麵團分成2等分，分別用保鮮膜夾住，在兩側放置5mm的厚度尺，擀成16×18cm左右的大小。用保鮮膜包覆，再次放進冰箱鬆弛15分鐘以上。

6　從冰箱取出，用壓模取形，排放在烤盤上。→開始預熱！

預熱 **160℃**

7　以160℃的烤箱烤20～25分鐘，置於網架上冷卻。

8　〈糖霜〉分別將**A**和**B**放入容器中用湯匙攪拌，然後用刷子塗抹於**7**的表面，再用手指抹平堆積在邊緣的糖霜。放在網架上，晾乾到觸摸表面不會沾黏為止。

因為要一直觸摸，
修整糖霜時
戴上NBR手套
比較安心!!

甜點的美味期限：和乾燥劑一起放進密封容器內，室溫保存4天。（有時幾天後砂糖會因為氣溫、濕度的關係變成白色結晶，不過還是可以食用。）

需要準備的道具
秤、粉篩、烘焙紙、調理盆（18cm）、刮刀、刮板、
保鮮膜、擀麵棒、厚度尺（5mm）、心型壓模、網架、
容器、湯匙、刷子

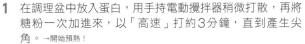

Recipe **28**

檸檬餅乾

這款餅乾吃起來酸酸甜甜，非常酥脆。
因為一次可以做很多，很適合與他人分享。
除了波浪狀外，擠成圓形也很可愛喔。

材料　5 × 3 cm 的餅乾 32 個份

蛋白	1 顆份
糖粉	25g
蛋黃	1 顆份
檸檬皮（皮屑）	½ 顆份
低筋麵粉	25g
糖粉	適量

〈糖霜〉

檸檬汁	12g
糖粉	60g

事前準備

○　低筋麵粉要過篩。
○　將裝上圓形花嘴（7號）的擠花袋裝在杯子上。
○　在烤盤上鋪烘焙紙。

作法

1　在調理盆中放入蛋白，用手持電動攪拌器稍微打散，再將糖粉一次加進來，以「高速」打約3分鐘，直到產生尖角。→開始預熱！

預熱
200℃

2　在另一個調理盆中放入蛋黃和檸檬皮，加入¼的 **1**，用刮刀拌勻。

3　將 **2** 放回 **1** 中，用刮刀攪拌成大理石狀。

4　加入低筋麵粉，從底部往上翻拌至粉感消失。

5　裝入擠花袋中，在烤盤上擠出5×3cm的波浪狀，用茶篩撒上2次糖粉。以200℃的烤箱烤約8分鐘。

6　在烤箱內靜置約15分鐘，使其乾燥。

7　〈**糖霜**〉在容器中放入檸檬汁和糖粉用湯匙攪拌，用刷子塗在 **6** 上，置於網架上晾乾。

8　將烤箱設定成100℃後關掉電源，放入 **7**，靜置到冷卻為止。

> **需要準備的道具**
> 秤、粉篩、圓形花嘴（7號）、擠花袋、杯子、烘焙紙、調理盆（18cm）、手持電動攪拌器、刮刀、茶篩、湯匙、刷子、網架

甜點的美味期限：和乾燥劑一起放進密封容器內，室溫保存4天。（有時幾天後砂糖會因為氣溫、濕度的關係變成白色結晶，不過還是可以食用。）

香氣十足的綜合堅果糖
>>> Recipe p.83

捲捲脆糖派
>>> Recipe p.82

巧克力司康
>>> Recipe p.84

柳橙杏仁義式脆餅
>>> Recipe p.85

Recipe 29

捲捲脆糖派

這是參考我最初工作的甜點店的烘焙點心，所創作出來的食譜。
確實烤出香氣是美味的關鍵。
請享受酥脆的口感吧。

材料　10片份

冷凍派皮（17.5×10.5㎝／市售）.................	1 片
水	適量
細砂糖	50g 左右

事前準備

○ 在烤盤上鋪烘焙紙。

作法

1 用刷子在派皮上塗水，撒上一半的細砂糖，從靠近自己這一側往前捲。

2 捲好後，從末端開始切成10等分。

3 在檯面撒上剩下的細砂糖，放上 **2**，用擀麵棒擀成15×6㎝左右的大小(a)，然後上下翻轉以相同方式擀開。→開始預熱！

預熱 210℃

a

4 排在烤盤上，以210℃的烤箱烤約18分鐘。12分鐘後如果表面變成金黃色，就中途取出來用抹刀翻面，再次放入烤箱繼續烤。依照上色的順序取出，置於網架上放涼。

MINOSUKE POINT
翻面之後顏色會突然變成金黃色，所以要不時留意，以免烤過頭了。

整體都要烤得焦黃香脆！
麻煩各位了！
閃亮！

需要準備的道具
秤、烘焙紙、刷子、刀子、擀麵棒、抹刀、網架

82　　　　　　　　　　　　　　　　　　　　　　　甜點的美味期限：和乾燥劑一起放進密封容器內，室溫保存5天。

Recipe *30*

香氣十足的綜合堅果糖

堅果的香氣令人食指大動。
材料非常簡單，只要想到就能立刻動手做。
在我家是當成老公晚酌的下酒菜。

材料　約160g份

綜合堅果（烤過）.....................................	100g
細砂糖	60g
水	20g

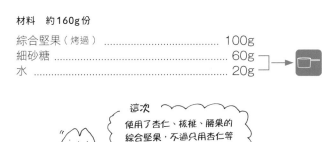

這次
使用了杏仁、核桃、腰果的綜合堅果，不過只用杏仁等單一種類的堅果也很好吃!!

作法

1 在鍋中放入細砂糖和水，開中火煮沸後關火，加入綜合堅果，用刮刀攪拌。攪拌之後會漸漸產生白色的砂糖結晶。

2 開中小火，加熱到所有堅果都裹上砂糖，整體變成白色為止(a)。

3 放入方形淺盤中冷卻。

MINOSUKE POINT
攪拌的力道會讓砂糖再度形成結晶，然後在下個步驟變成白色。

MINOSUKE POINT
小心不要過度加熱，結果焦糖化了！

需要準備的道具
秤、鍋子、刮刀、方形淺盤

甜點的美味期限：和乾燥劑一起放進密封容器內，室溫保存5天。

Recipe 31

巧克力司康

這款司康裡加了大量巧克力，算是稍微偏甜的零食，
用來解饞或當成消夜剛剛好。
請搭配牛奶或咖啡一同享用！

材料　4 cm見方的司康20個份

A	低筋麵粉	140g
	高筋麵粉	140g
	可可粉	20g
	泡打粉	6g
	細砂糖	70g
	鹽	2g
	奶油（無鹽）	100g
B	牛奶	90g
	蛋液	30g
	苦甜巧克力	100g

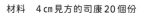

事前準備

○　**A**混合過篩，放入冰箱備用。

○　奶油切成1cm見方，用保鮮膜包覆起來放
　　入冰箱備用。

○　混合**B**。

○　巧克力用刀子切成粗塊裝入容器，放入冰箱
　　備用。

○　剩下的蛋液用茶篩過濾（塗抹於表面）。

○　在烤盤上鋪烘焙紙。

> **需要準備的道具**
> 秤、粉篩、大調理盆（24cm）、刀子、容器、茶篩、烘焙紙、
> 刮板、保鮮膜、尺、刷子、網架

作法

1　在調理盆中放入**A**，再加入奶油，用手搓揉讓奶油融入整
　　體。

2　在正中央挖洞放入**B**，用刮板撥動周圍的麵團，以切拌的
　　方式攪拌。

3　攪拌到還剩下少許粉感就加入巧克力，用刮板混合。

4　在檯面上鋪保鮮膜，放上**3**，用
　　擀麵棒擀成25×15cm左右後
　　摺三折，接著改變方向再摺三折
　　(a)。這時會變成25×20×厚
　　1cm左右。用保鮮膜包覆來，送
　　進冰箱冷藏鬆弛2小時以上。

5　撕掉保鮮膜、切掉
　　四周，再用刀子切
　　成4cm見方的大小
　　(b)，排在烤盤上。
　　→開始預熱！

預熱 190℃

6　用刷子在表面塗抹剩下的蛋液，
　　以190℃的烤箱烤25分鐘。置
　　於網架上放涼。

> **MINOSUKE POINT**
> 只要確實冷藏過，形狀就不
> 會散掉。用鋸齒麵包刀筆直
> 地切下。

Recipe **32**

柳橙杏仁義式脆餅

義式脆餅的特色在於會經過二次烘烤。
除了直接品嚐脆脆的口感，泡在咖啡或牛奶裡吃也十分美味。
我自己是最喜歡泡軟再吃。

材料　6×2cm 的義式脆餅 38 個份

A	細砂糖	80g
	鹽	1撮
	柳橙皮	½ 顆份
	香草油	3滴
	蛋黃	1顆份
	蛋白	20g
B	杏仁粉	80g
	低筋麵粉	80g
	泡打粉	1g
整顆杏仁（烤過）		80g

MINOSUKE POINT
柳橙皮的白色部分會產生苦味，所以只要削下黃色部分就好。

事前準備

○　B要混合過篩。

○　削出柳橙皮屑。

○　在烤盤上鋪烘焙紙。

需要準備的道具
秤、粉篩、刨刀、烘焙紙、調理盆（18cm）、刮刀、保鮮膜、網架、鋸齒麵包刀

作法

1　在調理盆中放入 **A**，用刮刀混合，接著也加入 **B** 拌勻。

2　倒在檯面上混入杏仁，揉成20×6cm左右的大小，用保鮮膜包覆來 (a)，送進冰箱冷藏鬆弛約1小時。→開始預熱！

預熱 160℃

a

3　從冰箱取出撕掉保鮮膜，放在烤盤上，以160℃的烤箱烤15分鐘。

4　置於網架上放涼，用鋸齒麵包刀切成5mm厚 (b)。
→開始預熱！

預熱 170℃

b

5　再次排放在烤盤上，以170℃的烤箱烤15分鐘，置於網架上放涼。

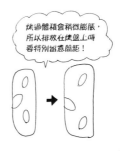
烤過體積會稍微膨脹，所以排放在烤盤上時要特別留意間距！

冷卻後再切才不會散開！

甜點的美味期限：和乾燥劑一起放進密封容器內，室溫保存5天。

咖啡 & 紅茶馬林糖

馬林糖是以蛋白霜做成的優雅甜點，
酥脆口感令人意猶未盡。
這裡是做成兩種不同的口味。

材料　2cm的馬林糖各30個份

A	蛋白	30g
	糖粉	40g
糖粉		20g
即溶咖啡（粉末）		2g
伯爵茶葉		2g

事前準備

○　將裝上圓形花嘴（7號）和星型花嘴（12齒7號）的擠花袋
分別裝在杯子上。

○　在烤盤上鋪烘焙紙。

作法

1　在調理盆中放入 **A**，隔水加熱（70℃）到40℃就以手持電動攪拌器的「高速」打約4分鐘，直到產生尖角。

2　篩入糖粉，用刮刀輕柔地翻拌到看不見糖粉。

MINOSUKE POINT
溫度一旦過高蛋白質就會凝固，變得無法打發起泡，要特別留意！

3　將 **2** 分成2等分，分別混入即溶咖啡和紅茶茶葉。

→開始預熱！

預熱 **100℃**

4　分別裝入擠花袋中，擠在烤盤上。以100℃的烤箱烤80～100分鐘，靜置放涼。

MINOSUKE POINT
如果產生裂痕就表示烤箱溫度太高了，中途最好改變烤盤的方向。

需要準備的道具

秤、圓形花嘴（7號）、星型花嘴（12齒7號）、擠花袋、杯子、調理盆（18cm）、鍋子、手持電動攪拌器、粉篩、烘焙紙

甜點的美味期限：和乾燥劑一起放進密封容器內，室溫保存5天。

Recipe 34

無奶油的
焦糖核桃派

焦糖核桃派是瑞士的傳統甜點，
以餅乾麵團包裹住大量的核桃。這份食譜
沒有使用奶油，吃起來更健康，在教室也很受歡迎。

材料　15cm見方的圈模1個份

〈餅乾麵團〉

蛋黃	1顆份
牛奶	20g
植物油（米糠油）	60g
A｜低筋麵粉	180g
｜糖粉	70g
｜鹽	1撮

〈焦糖核桃餡〉

細砂糖	90g
蜂蜜	20g
牛奶	30g
核桃（烤過）	180g
植物油（米糠油）	10g

〈蛋液〉

蛋黃	1顆份
牛奶	2g

事前準備

○　**A**要混合過篩。

○　核桃切成粗塊。

○　蛋液的蛋黃要用茶篩過濾，和牛奶混合放入容器，覆上保鮮膜送進冰箱。

○　在烤盤上鋪可重複使用的烘焙紙。

作法

1　〈餅乾麵團〉在調理盆中放入蛋黃，依序加入牛奶、植物油，每次加入都要用打蛋器充分攪拌。

2　加入**A**，用刮刀從底部往上輕柔地翻拌。

3　成團後擀平，用保鮮膜包覆來，送進冰箱冷藏鬆弛2小時以上。

4　撕掉保鮮膜放在檯面上，用手揉成均勻的硬度，分成2等分。再分別用保鮮膜夾住麵團，在兩側放置3mm的厚度尺，用擀麵棒擀成19cm見方左右的大小，再次用保鮮膜包覆，放進冰箱冷藏15分鐘以上。

需要準備的道具

秤、粉篩、茶篩、打蛋器、保鮮膜、可重複使用的烘焙紙、調理盆（18cm）、刮刀、厚度尺（3mm）、擀麵棒、鍋子、方形淺盤、圈模（15cm見方）、刷子、刀子、尺

5　〈焦糖核桃餡〉在鍋中放入細砂糖、蜂蜜、牛奶，開中火一邊用刮刀攪拌一邊加熱，煮沸後繼續加熱30秒。

6　一次加入所有核桃，使其充分地裹上焦糖，再次加熱20秒後混入植物油。

7　將圈模放在方形淺盤上，放入**6**，趁熱用刮刀整平(a)，大致冷卻後送進冰箱冷凍約1小時。凝固後拆掉圈模。→開始預熱！

8　從冰箱取出**4**的麵團，撕掉保鮮膜，將1片置於烤盤中央，用圈模按壓取形。

9　讓**7**的底面朝上放在**8**上面，再放上**4**的另一片麵團(b)，接著放上圈模，切除多餘的麵團(c)。

10　用刷子塗抹蛋液，以170℃的烤箱烤30～40分鐘。

11　待完全冷卻，將刀子慢慢伸進圈模和派之間脫模，切成4cm見方的大小。

脫模時不敢把刀子伸進圈模的人，可以像**7**一樣在模具裡放入烘焙紙來烤！！

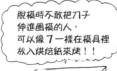

MINOSUKE POINT
因為有厚度，脫模時小心不要受傷了！

甜點的美味期限：隔天起更加美味。和乾燥劑一起放進密封容器內，室溫保存3天。

將做好的餅乾裝進盒子吧

烤了各式各樣的餅乾，就會好想裝進盒子裡送人。
為避免受潮，先在盒中放入乾燥劑非常重要。
首先將乾燥劑鋪滿盒底，
在上面放上格拉辛紙（或烘焙紙），
接著再擺滿餅乾。
最後放上格拉辛紙、蓋上蓋子，
纏上一圈透明膠帶就大功告成了。

如果是大盒子（左頁）

裡面裝滿了本書所介紹的各種餅乾。要一口氣做
這麼多餅乾實在需要很強大的毅力和幹勁，不過
見到收禮者那麼開心，再辛苦也值得了。先從體
積大的脆糖派和方方正正的焦糖核桃派開始裝，
祕訣是盡量將質感不同的餅乾擺在一起。最後以
小巧的馬林糖、堅果糖填滿空隙。

如果是小盒子（右頁）

由於和大盒子相比能的量有限，沒辦法裝太多
種類，不過稍微努力一下還是可以裝進5～6
種。裝法的技巧和大盒子一樣。因為盒子的尺寸
也能裝進包包或袋子裡，所以攜帶方便也是一項
優點。如果有找到可愛的空盒，不妨就保留起來
備用吧。

這裡使用的盒子尺寸為24×17×高5㎝。

這裡使用的盒子尺寸有：左中、右下為12.5×12.5×高4.5㎝；左上、右中為7.5×12×高4.5㎝；左下為9×6×高2.5㎝；右上為7.5×10×高2.5㎝。

關於基本材料

本書中出現的材料，都是盡可能使用方便在超市或網路購得的商品。讓我們使用新鮮食材，一起做出美味的甜點吧。

麵粉

分成低筋麵粉、中筋麵粉、高筋麵粉，本書則主要是使用低筋麵粉。麵粉的味道會隨蛋白質含量和灰質含量不同，而產生些許的差異。灰質含量多，能夠明確品嚐到粉的風味。蛋白質含量和灰質含量都會註明在包裝上，購買時可以留意一下。請試著感受各種粉之間的差異。

蛋

使用淨重50～55g的M號。蛋要冷藏，並儘早使用完畢。將蛋黃和蛋白分開時，多餘的蛋黃因為會分離所以無法冷凍，但是蛋白只要放進密閉容器或冷凍保鮮袋，就能保存1個月左右。解凍時，要放在冷藏室或室溫中。另外也可以用流動水解凍，不過要小心別讓水跑進容器中。

砂糖

基本上最常用的就是細砂糖和糖粉。細砂糖是烘焙用的砂糖，顆粒細小、好溶解為其特徵。糖粉是使用含有玉米粉的種類。除此之外，想要突顯砂糖的美味時，也會使用黍砂糖或甜菜糖。

奶油

全部食譜都是使用無鹽奶油，需要鹽的時候才會當成材料加進去。有鹽奶油會讓味道變得過重，所以本書並未使用。奶油一旦融化就不會恢復成原本的狀態，這一點請務必留意。

植物油

使用米糠油或太白胡麻油等無味無臭的油品，不過仍分別保有從其原料提煉出來的鮮味和風味，做出來的甜點味道比奶油來得清爽。沙拉油雖然也是植物油，卻少了一點鮮味和風味。

鮮奶油

使用乳脂肪含量為35～45%的商品或植物性鮮奶油。打發鮮奶油可以塗抹或夾在海綿蛋糕、餅乾上，提升甜點的風味。像是接觸冰水冷卻等，在冰涼狀態下使用是一大重點。開封後請儘早使用完畢。

奶油乳酪

各家廠牌酸味和濃郁感不同，請找出自己喜歡的口味。秤重時要連同包裝膜一起切，並且在切面緊密覆蓋上保鮮膜。開封後請儘早使用完畢。

巧克力

苦甜巧克力使用的是調溫巧克力和市售的板狀巧克力。調溫巧克力的特徵是脂肪含量高，口感佳。建議可以常備不需要調溫的免調溫巧克力在家中，這樣要用時馬上就能使用，非常方便。

關於基本道具

選擇平常用習慣的就好。只不過，蛋糕轉盤和鋸齒麵包刀有了會比較方便，所以最好還是準備一下。道具備齊了，操作起來才會順暢，因此事前準備務必要確實。

調理盆

使用手邊現有的就可以，不過我自己會準備3種不同的調理盆，分別是：直徑18㎝的普通型、方便混合粉類和打發蛋的梯形，以及打發鮮奶油時方便手持電動攪拌器將空氣打入其中、底部較窄且有深度的款式。材質選擇不鏽鋼，或耐熱玻璃、塑膠都OK。

打蛋器、
手持電動攪拌器

打蛋器要選擇好握的。而手持電動攪拌器只要有「高速」、「中速」、「低速」這三段可切換，無論何種款式都可以。打蛋器的鋼絲要牢固才比較耐用。電動攪拌器的攪拌頭和打蛋器的根部容易堆積汙垢，使用後請立即清洗乾淨。

刮刀、刮板

刮刀最好準備2～3支耐熱的款式。刮板可用來延展倒入模具中的麵糊、切碎、混合、脫膜。選擇稍有硬度、可適度彎曲的材質比較方便使用。

蛋糕轉盤、
網架（冷卻架）

像是在奶油蛋糕的表面塗抹鮮奶油等，有了蛋糕轉盤，為圓形甜點進行最後修飾時就會非常方便。網架是當餅乾等烘焙甜點出爐時，用來靜置冷卻的道具。除此之外，也會在進行淋面或澆淋巧克力時使用。

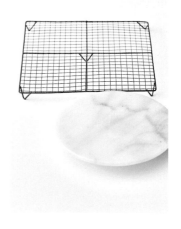

抹刀、
鋸齒麵包刀

抹刀分成直型和L型,不過只要有直型就可以了。L型對於在烤盤上將麵糊延展開來很方便。鋸齒麵包刀能夠毫不費力地,將做好的甜點切得工整漂亮。

粉篩、茶篩

麵粉適用孔徑細小的粉篩,杏仁粉則適用孔徑較大的粉篩。無論是烘焙專用或是一般的篩子都可以,我自己是購買百圓商店的粉篩。茶篩可用來過篩少量粉類,或是在最後裝飾時撒上去。

烘焙紙

烘焙紙可分成拋棄式的紙製型(左),和清洗後可重複使用的玻璃纖維製型(右)。後者導熱方式穩定,也不會起皺。此外還有矽膠墊這種玻璃纖維材質的厚墊,不過本書在捲蛋糕卷時是當成防滑墊使用。

隔水加熱容器

不需要準備專用的容器,只要使用比模具大上一圈的耐熱容器就好。以磅蛋糕模這種有深度的模具來說,因為光用烤盤熱水的量會不夠,所以需要有深度的容器才能夠平均受熱。我自己使用的是Pyrex的耐熱容器(內尺寸21×21×高5cm)。

柳谷みのり
Minori Yanagidani

「MINOSUKE線上甜點教室」負責人。菓子製造技能士2級。1988年出生於福岡縣。2009年，中村調理製菓專門學校製菓技術科畢業後，從事甜點師、該校職員、企業商品開發等工作。2019年4月起獨立開設「MINOSUKE線上甜點教室」，精力充沛地投入於開發企業食譜、教室活動等。現在和丈夫、3歲長男、貓咪，過著3人＋1貓的生活，每天為了工作和育兒忙碌著。

HP：https://www.minosuke9.com

 Instagram：@minosuke9

發行人
濱田勝宏

美術設計、書籍設計
小橋太郎（Yep）

攝影
神林 環

造型設計
池水陽子

烹調助理
高野まり

插圖
柳谷みのり

校閱
武 由記子

編輯
小橋美津子（Yep）
田中 薫（文化出版局）

Special Thanks
野中 高

"MINOSUKE TSUUSHIN OKASHI KYOUSHITSU"NO KAWAII Share sweets
© MINORI YANAGIDANI 2020
Originally published in Japan in 2020 by EDUCATIONAL FOUNDATION BUNKA GAKUEN BUNKA PUBLISHING BUREAU
Chinese translation rights arranged with EDUCATIONAL FOUNDATION BUNKA GAKUEN BUNKA PUBLISHING BUREAU through TOHAN CORPORATION, TOKYO.

吸睛的甜蜜好味！經典不敗手感烘焙
甜點師精選，忍不住分享的幸福滋味！

2021年12月1日初版第一刷發行

作　者　柳谷みのり
譯　者　曹茹蘋
編　輯　曾羽辰
美術編輯　黃瀞瑢
發行人　南部裕
發行所　台灣東販股份有限公司
　　　　＜地址＞台北市南京東路4段130號2F-1
　　　　＜電話＞（02）2577-8878
　　　　＜傳真＞（02）2577-8896
　　　　＜網址＞http://www.tohan.com.tw
郵撥帳號　1405049-4
法律顧問　蕭雄淋律師
總經銷　聯合發行股份有限公司
　　　　＜電話＞（02）2917-8022

國家圖書館出版品預行編目（CIP）資料

吸睛的甜蜜好味!經典不敗手感烘焙：甜點師精選,
忍不住分享的幸福滋味!/柳谷みのり著；曹茹蘋
譯. -- 初版. -- 臺北市：臺灣東販股份有限公司,
2021.12
96面；21×20公分
ISBN 978-626-304-970-3（平裝）

1.點心食譜

427.16　　　　　　　　　　　110018005